国家改革和发展示范学校建设项目
课程改革实践教材
全国中职汽车专业实用型规划教材

汽车电气设备构造与维修

主　编　曹建华
副主编　秦政义　陈晓云　孙新来
　　　　扈佩令　王利伟
编　者　洪新星　张京川

哈尔滨工业大学出版社
HARBIN INSTITUTE OF TECHNOLOGY PRESS

内容简介

本书介绍了汽车电气系统的基础知识、蓄电池、交流发电机、启动机、汽油机点火系统、照明系统、信号系统、报警装置、汽车仪表、汽车空调、辅助装置、汽车电气设备线路、汽车电路的检修原则及方法。同时还介绍了新型蓄电池和汽车局域网等部分新型电气设备的结构特点与工作原理。内容新颖、图文并茂。

本书可作为职业院校汽车运用与维修专业的教材，也可供汽车专业师生和从事汽车运输管理、汽车维修管理的工程技术人员以及汽车电工、修理工与驾驶人员阅读参考。

图书在版编目（CIP）数据

汽车电气设备构造与维修/曹建华主编.—哈尔滨：哈尔滨工业大学出版社，2014.8
 ISBN 978-7-5603-4866-7

Ⅰ.①汽… Ⅱ.①曹… Ⅲ.①汽车-电气设备-构造-高等学校-教材②汽车-电气设备-车辆修理-高等学校-教材 Ⅳ.①U472.41

中国版本图书馆CIP数据核字(2014)第174389号

责任编辑	李长波
出版发行	哈尔滨工业大学出版社
社　　址	哈尔滨市南岗区复华四道街10号　邮编 150006
传　　真	0451-86414749
网　　址	http://hitpress.tit.edu.cn
印　　刷	三河市越阳印务有限公司
开　　本	850mm×1168mm　1/16　印张 15　字数 435千字
版　　次	2014年8月第1版　2014年8月第1次印刷
书　　号	ISBN 978-7-5603-4866-7
定　　价	36.00元

（如因印装质量问题影响阅读，我社负责调换）

前言

为了贯彻《中共中央国务院关于深化教育改革全面推进素质教育的决定》精神，落实《面向21世纪教育振兴行动计划》中提出的职业教育课程改革和教材建设规划，教材全面贯彻素质教育思想，培养高素质的劳动者和初中级专门人才，注重学生的创新精神、团队合作意识和实践能力的培养。

本书在理论体系编排、实训操作以及内容等方面做了一些新的尝试，主要具有以下特点：

1. 本书将汽车电气设备按汽车电气设备概述、汽车电源系统、汽车启动系统、汽车照明信号仪表系统、辅助电器五个模块编写，避免与其他教材的内容重复，采用任务驱动的形式，专业实用性强。

2. 模块安排了详细的理论知识介绍和实验实训，理论深入浅出，图文并茂，便于学生理解、掌握。

3. 实验实训包含了使用维护、拆装、检测、故障诊断与排除等内容，理论与实践紧密结合，提高了学生的理论应用能力，为学生今后的工作奠定基础。

4. 每个模块后都有相关链接和课后练习，相关链接可以拓宽学生的知识面，让学生了解一些汽车电气设备的前沿知识，激发他们的学习积极性；课后练习可供学生学习完相关内容后巩固练习，也便于学生阶段性复习。

5. 书后附有任务工作单和任务评价表，这样便于学生实训时记录和实训后的考核，提高学生的团队合作意识，同时也激发了学生的积极性。

6. 本书突出了实践性和可操作性，从理论到实践，实现理实一体化教学和技能训练。

本书由成都汽车职业技术学校曹建华担任主编，秦政义、陈晓云、孙新来、扈佩令、王利伟担任副主编，洪新星、张京川参编。其中模块1由秦政义编写，模块2由陈晓云编写，模块3由曹建华编写，模块4由张京川编写，模块5由洪新星编写，其他老师负责前期的资料收集工作。

本书在编写过程中查阅了大量资料，也做了社会调查，得到了汽车职业技术学校汽车专业部的大力支持，在此深表感谢。

由于编者水平有限和时间紧迫，书中的疏漏和不妥之处，敬请读者批评指正。

编　者

目录

模块 1　汽车电气设备概述

　　任务 1.1　汽车电气设备的组成及作用　\2

　　任务 1.2　汽车电气设备的特点　\3

模块 2　汽车电源系统

　　任务 2.1　汽车电源系统认识　\10

　　　2.1.1　汽车电源系统概述　\10

　　　2.1.2　汽车电源电路识别　\13

　　　2.1.3　对汽车电源的要求　\14

　　任务 2.2　蓄电池的使用与性能检测　\14

　　　2.2.1　蓄电池的健康概念　\14

　　　2.2.2　基于电导技术的蓄电池检测　\15

　　　2.2.3　影响蓄电池能量的因素　\16

　　　2.2.4　蓄电池的充电方法　\16

　　　2.2.5　蓄电池工作的技术状况　\18

　　任务 2.3　发电机的维护与性能检测　\19

　　　2.3.1　汽车发电机的功用　\19

　　　2.3.2　汽车交流发电机的结构　\19

　　　2.3.3　汽车交流发电机的工作原理　\22

　　　2.3.4　发电机的励磁方式　\23

　　　2.3.5　交流发电机的工作特性　\24

　　　2.3.6　交流发电机的型号　\25

　　任务 2.4　汽车电源系统常见故障与维护方法　\27

　　　2.4.1　汽车电源系统故障诊断基础　\28

　　　2.4.2　汽车电源电路图识读　\30

　　　2.4.3　12V电路系统电压降标准值　\30

模块 3　汽车启动系统

　　任务 3.1　启动系统概述　\40

　　　3.1.1　启动系统的作用　\40

　　　3.1.2　影响发动机启动的因素　\40

　　　3.1.3　汽车用启动机的要求　\41

　　　3.1.4　启动系统的组成及各部分的作用　\41

　　任务 3.2　启动机的结构作用　\42

　　　3.2.1　启动机的分类　\42

　　　3.2.2　启动机的型号　\42

　　　3.2.3　启动机的组成及各部分的作用　\43

　　任务 3.3　启动机各部分的结构及工作原理　\43

　　　3.3.1　串励直流电动机的工作原理及结构　\44

　　　3.3.2　传动机构　\46

　　　3.3.3　控制机构　\48

　　任务 3.4　启动控制电路　\54

　　　3.4.1　启动机的控制装置　\54

　　　3.4.2　启动系统常见的控制电路　\54

　　　3.4.3　微机控制启动系统　\57

任务 3.5 启动系统的故障诊断 \58
 3.5.1 启动机的正确使用 \58
 3.5.2 启动系统的故障现象与排除 \59

模块 4 汽车照明信号仪表系统

任务 4.1 汽车照明系统概述 \68
 4.1.1 汽车照明系统的作用 \68
 4.1.2 汽车照明系统的分类 \68
 4.1.3 汽车照明灯的种类、用途及特点 \69
 4.1.4 前照灯的结构 \70
 4.1.5 前照灯的基本要求 \72
 4.1.6 前照灯的分类 \74

任务 4.2 汽车前大灯的控制电路及辅助装置 \75
 4.2.1 前照灯的电路组成 \75
 4.2.2 前照灯的电路控制原理 \77
 4.2.3 前照灯的辅助电子控制装置 \78

任务 4.3 汽车前大灯的检测与更换 \79
 4.3.1 前照灯检测的种类 \79
 4.3.2 国家标准对汽车前照灯光束位置的规定 \79
 4.3.3 前照灯的检测方法 \80
 4.3.4 前照灯的调整及要求 \82
 4.3.5 汽车照明系统常见故障的诊断与排除 \84

任务 4.4 信号系统概述 \86
 4.4.1 信号系统的作用、组成 \87
 4.4.2 各信号灯的用途、特点 \87
 4.4.3 各信号灯的结构及电路 \88

任务 4.5 汽车转向电路的连接 \92
 4.5.1 转向信号灯 \92
 4.5.2 闪光器 \92

任务 4.6 汽车仪表系统 \96
 4.6.1 仪表系统概述 \96
 4.6.2 各仪表的用途、分类、结构及原理 \98
 4.6.3 仪表辅助装置 \103

任务 4.7 汽车报警装置简介 \104
 4.7.1 报警装置的作用 \104
 4.7.2 报警装置的分类 \104
 4.7.3 报警装置的组成 \104
 4.7.4 灯光报警装置 \104
 4.7.5 声音报警装置 \107
 4.7.6 仪表与报警系统常见故障的诊断与排除 \108

模块 5 辅助电器

任务 5.1 电动车窗及控制电路 \116
 5.1.1 电动车窗的组成 \116
 5.1.2 电动车窗的控制电路及工作原理 \119

任务 5.2 电动刮水器、清洗设备及控制电路 \122
 5.2.1 电动刮水器的组成及作用 \122
 5.2.2 电动刮水器的变速原理 \124
 5.2.3 刮水器自动复位装置 \124
 5.2.4 刮水电动机的间歇控制 \125
 5.2.5 挡风玻璃洗涤装置 \125

任务 5.3 电动座椅及控制电路 \127
 5.3.1 电动座椅的作用及分类 \127
 5.3.2 电动座椅的组成 \128
 5.3.3 电动座椅的基本工作原理 \128
 5.3.4 带存储功能电动座椅的工作原理 \129

任务 5.4　电动门锁及控制电路　\130
　　5.4.1　中控门锁装置的功用　\130
　　5.4.2　中控门锁的组成　\130
　　5.4.3　门锁执行机构　\132
　　5.4.4　门锁控制器　\132
　　5.4.5　汽车遥控车门　\134
任务 5.5　电动后视镜及控制电路　\135
　　5.5.1　电动后视镜的作用及组成　\135
　　5.5.2　后视镜控制电路原理　\136

附录
　　模块1　\141
　　模块2　\145
　　模块3　\157
　　模块4　\181
　　模块5　\203

参考文献　\231

模块 1

汽车电气设备概述

【知识目标】

1. 能够说出汽车电气设备的组成及作用;
2. 能够说出汽车电气设备的特点;
3. 了解汽车电气设备的现状及发展方向。

【技能目标】

对汽车电气设备有比较全面的认识。

【课时计划】

任务类别	任务内容	参考课时		
		理论课时	实训课时	合 计
任务 1.1	汽车电气设备的组成及作用	1	0	1
任务 1.2	汽车电气设备的特点	1	1	2
	共计：3 课时			

情境导入

同学们，你们现在选择了汽车维修专业，两年以后你们的邻居或你自己买了一辆轿车，看着上面大量的电气设备，你知道怎么使用吗？从今天开始，我们将系统地学习汽车电气方面的知识，为你们今后的就业打下坚实的基础。

任务驱动

任务 1.1　汽车电气设备的组成及作用

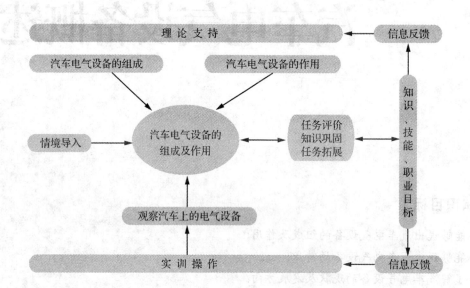

实训指导

实训 1　认识汽车电气设备的组成

【实训准备】

1. 将两辆车放在实训车间。
2. 将"任务工作单"分发给每位学生。

【实训目的】

认识汽车上的电气设备。

【实训步骤】

1. 观察捷达轿车上的电气设备，并将观察到的情况记录于"任务工作单"。

（1）在汽车上找出其照明灯具和仪表盘部分。

基础知识

现代汽车上的电气设备很多，按功能可以分为以下几个系统。

（1）电源系统

电源系统又称为电源系或充电系，主要由蓄电池、发电机、调节器和充电指示装置组成，其中发电机为主电源，蓄电池为辅助电源。

（2）启动系统

启动系统主要由启动机和控制电路组成。其作用是带动曲轴以足够高的转速运转以便启动发动机。

（3）辅助电气设备系统

辅助电气设备系统包括车辆的电动车窗、电动后视镜、风窗刮水器、电动座椅、电动天窗、中控门锁、电动燃油泵等电机驱动设备。

（4）照明系统

照明系统用于提供车辆夜间安全行驶必要的照明以及车内的照明。

（5）信号装置

信号装置用于提供安全行车所必需的信号，包括音响信号和灯光信号。

（6）仪表及报警装置

仪表及报警装置用来监测发动机及汽车的工作情况，使驾驶员能够通过仪表及报警信号及时得到发动机及汽车运行的各种参数情况，确保汽车正常运行。它主要包括车速里程表、发动机转速表、

(2）在汽车上找到蓄电池和发电机部分。

(3）在汽车上找到启动机和控制机构部分。

(4）在汽车上找到电动门窗、后视镜、座椅、雨刮器等部分。

(5）在汽车上找到信号装置部分。

2．小组内检查完成情况。

3．同学之间针对完成结果相互纠正。

4．回收工具，整理、清洁工作场所，认真执行6S管理。

【技术提示】

注意安全，规范操作。

"任务工作单"和"任务评价表"见附录。

水温表、燃油表、电流表、机油压力表、气压表及各种报警装置。

（7）空调系统

空调系统用于保持车内适宜的温度和湿度，使车内空气清新。主要包括制冷、采暖、通风和空气净化等装置。

（8）娱乐和信息系统

娱乐和信息系统主要包括汽车音响、导航、通信等系统。

（9）全车电路及配电装置

全车电路及配电装置主要包括中央接线盒、保险装置、继电器、电线束及插接件、电路开关等。

（10）汽车电子控制系统

汽车电子控制系统主要包括燃油喷射系统、电控点火系统、电控自动变速器、制动防抱死装置、电控悬架系统、自动空调等。

（11）点火系统

点火系统主要由点火线圈、火花塞、电源等组成。其作用是产生足够强的电火花，以点燃气缸中的混合燃气。

其中点火系统、空调系统全车电路及配电装置等在其他书中已经做了介绍，本书就只介绍电源系统、启动系统、照明信号系统和辅助电气设备这四个部分。

任务 1.2　汽车电气设备的特点

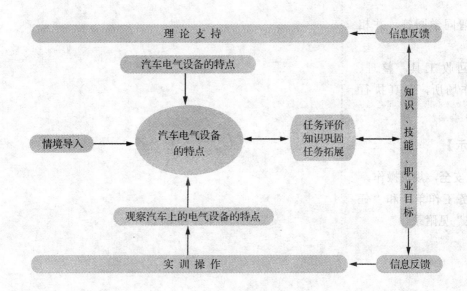

实训指导

实训 2 认识汽车电气设备的特点

【实训准备】

1. 将两辆捷达车放在实训车间。
2. 将"任务工作单"分发给每位学生。

【实训目的】

认识汽车上的电气设备的特点。

【实训步骤】

1. 按要求观察捷达轿车上的电气设备的连接情况,并将相关结果记录于"任务工作单"。

（1）观察汽车灯具的连接方式并填写任务单。

（2）观察蓄电池的正负极接线柱的接线。

（3）观察汽车的保险装置,观察汽车连接线的颜色。

2. 小组内检查完成情况。

3. 请同学回答,并相互纠正。

4. 回收工具,整理、清洁工作场所,认真执行6S管理。

【技术提示】

注意安全,规范操作。
"任务工作单"和"任务评价表"见附录。

基础知识

汽车电气设备与普通的电气设备相比有以下特点:

1. 低压电

根据规定,汽车电气产品标称电压规定为三种:6 V、12 V、24 V。目前汽油车普遍采用12 V电源系统,重型柴油车多采用24 V电源系统。随着汽车电气设备电子化程度的提高和设备的增多,汽车电源电压有提高的趋势,以满足不断增加的用电需求。目前汽车42 V电源系统正处于开发之中。

2. 直流电

由于汽车上的电源之一是蓄电池,蓄电池为直流电源,且蓄电池放电后必须用直流电源对其充电,因此汽车上的发电机也必须输出直流电。

3. 并联单线制

汽车用电设备较多,采用并联电路能确保各支路的电气设备相互独立控制,布线清晰、安装方便。汽车电气设备习惯采用一根公共的零线。而汽车的底盘及发动机是由金属制造的,有良好的导电性能,因此用汽车的金属机体作为一条公共导线,即把车架、发动机等金属机体连通,并作为电气设备公共连接端（常称"搭铁端"）使用,从而达到节约导线、使电器线路简单、安装维修方便的目的。

4. 保险装置

为了防止短路和过载,电路中通常设有保护装置,如熔断器、熔断丝和自动保护继电器等。

5. 线路的颜色和编号

为了区分不同线路的连接,汽车上的所有低压导线必须选用不同颜色的单色或双色线,并在导线上编号。编号一般是由生产厂家统一编定的。

任务实施

为了学生在今后的工作中能够认识汽车上的电气设备并能准确地找到电气设备的接线等,我们将系统地介绍电气设备的特点,并通过实训让学生在车上观察不同用电设备的接线。

相关链接

汽车电气设备的发展及电子控制设备在汽车上的应用

一、汽车电气设备的发展概况

20世纪50年代以前,汽车的发展以机械设备为主。20世纪60年代以后,开始采用电子设备,主要标志是交流发电机。20世纪70年代,电子技术应用在点火系统中。随之又出现了EFI,ABS等。20世纪80年代以后,出现汽车用驾驶辅助装置、安全警报装置、通信、娱乐装置等。微型计算机技术为汽车电子控制技术带来了一场技术革命,使汽车的整体性能得到了大幅度的提高。

21世纪后,人们对汽车的要求越来越高,汽车电子控制发展到了一个新阶段,电子技术在解决汽车能源、安全、污染等问题方面,起着越来越重要的作用。电子控制系统已在汽车上得到了普遍应用,并且向着网络化、智能化的方向快速发展,使得汽车的性能得到了大幅度的提高(图1.1)。

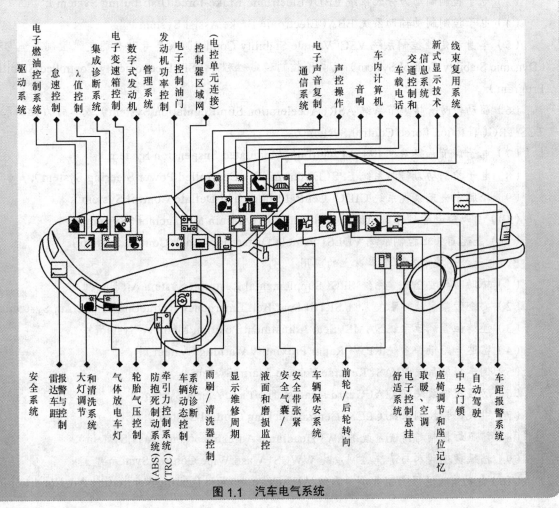

图1.1　汽车电气系统

二、电子控制技术在汽车上的应用

1. 电子控制技术在汽车发动机上的应用

（1）电子控制发动机燃油喷射系统 EFI（Engine Fuel Injection System）；
（2）微机控制发动机点火系统 MCIS（Microcomputer Control Ignition System）；
（3）发动机空燃比反馈控制系统 AFC（Air/Fuel Ratio Feedback Control System）；
（4）发动机怠速控制系统 ISCS（Idle Speed Control System）；
（5）发动机断油控制系统 SFIS（Sever Fuel Injection System）；
（6）发动机爆震控制系统 EDCS（Engine Detonation Control System）；
（7）加速踏板控制系统 EAP（Electronic Control Accelerator Pedal System）；
（8）发动机进气控制系统 IACS（Engine Intake Air Control System）；
（9）燃油蒸气回收系统 FECS（Fuel Evaporative Emission Control System）；
（10）废气再循环控制系统 EGR（Exhaust Gas Recirculation Control System）；
（11）可变气门正时控制系统 VVT（Variable Valve Timing Control System）；
（12）汽车巡航控制系统 CCS（Vehicle Cruise Control System）；
（13）车载故障自诊断系统 OBD（On Board Self-Diagnosis System）。

2. 电子控制技术在汽车底盘上的应用

（1）电子控制自动变速系统 ECT（Electronic Controlled Transmission System）；
（2）防抱死制动系统 ABS（Anti-lock Braking System 或 Anti-Skid Braking System）；
（3）电子控制制动力分配系统 EBD（Electronic Brake-force Distributing System）；
（4）电子控制制动辅助系统 EBA（Electronic Brake Assist System）；
（5）车身稳定性控制系统 VSC（Vehicle Stability Control）或车身动态稳定性控制系统 DSC（Dynamic Stability Control System）或电子控制稳定性程序 ESP（Electronically Controlled Stability Program）；
（6）驱动轮防滑转调节系统 ASR（Acceleration Slip Regulation System）或牵引力控制系统 TCS/TRC（Traction Force Control System）；
（7）电子调节悬架系统 EMS（Electronic Modulated Suspension System）；
（8）电子控制动力转向系统 EPS（Electronically Controlled Power Steering System）；
（9）轮胎中央充放气系统 CIDC（Central Inflate and Deflate Control System）；
（10）自动驱动管理系统 ADM（Automatic Drive-train Management System）；
（11）差速器锁止控制系统 VDLS（Vehicle Differential Lock Control System）。

3. 电子控制技术在汽车车身上的应用

（1）辅助防护安全气囊系统 SRS（Supplemental Restraint System Air Bag）；
（2）安全带紧急收缩触发系统 SRTS（Seat-Belt Emergency Retracting Triggering System）；
（3）座椅位置调节系统 SAMS（Seat Adjustment Position Memory System）；
（4）雷达车距报警系统 RPW（Radar Proximity Warning System）；
（5）倒车报警系统 RVAS（Reverse Vehicle Alarm System）；
（6）防盗报警系统 GATA（Guard Against Theft and Alarm System）；
（7）中央门锁控制系统 CLCS（Central Locking Control System）；
（8）前照灯控制与清洗系统 HAW（Headlamp Adjustment and Wash System）；
（9）挡风玻璃刮水与清洗控制系统 WWCS（Wash/Wipe Control System）；
（10）自动采暖通风与空气调节系统 AHVC（Automatic Heating Ventilating Air-Conditioning

System);

（11）车载局域网 LAN（Local Area Network）；

（12）车载计算机 OBC（On-Board Computer）；

（13）车载电话 CT（Car Telephone）；

（14）交通控制与通信系统 TCIS（Traffic Control and Information System）；

（15）信息显示系统 IDS（Information Display System）；

（16）声音复制系统 ESR（Electronic Speech Reproduction System）；

（17）液面与磨损监控系统 FWMS（Fluids and Wear Parts Monitoring Systems）；

（18）维修周期显示系统 LSID（Load-Dependent Service Interval Display System）。

课后练习

1. 现代汽车上有哪些电气设备？
2. 汽车电气设备的特点是什么？

模块 2

汽车电源系统

【知识目标】

1. 了解汽车电源系统的作用及组成；
2. 了解蓄电池的健康概念和使用注意事项；
3. 了解发电机的工作原理及结构特点；
4. 掌握汽车电路诊断的一般规律。

【技能目标】

1. 掌握蓄电池型号识别和性能检测方法；
2. 掌握发电机的维护保养步骤及性能检测方法；
3. 掌握电源电路常见故障的诊断方法。

【课时计划】

任务类别	任务内容	参考课时 理论课时	参考课时 实训课时	合　计
任务 2.1	汽车电源系统认识	1	2	3
任务 2.2	蓄电池的使用与性能检测	1	4	5
任务 2.3	发电机的维护与性能检测	1	4	5
任务 2.4	汽车电源系统常见故障与维护方法	2	7	9

共计：22 课时

情境导入

车主小梁刚买辆新车不久,喜欢音乐的他加装了功放和低音炮,约了几个朋友去风景区游玩。车上音响效果不错,大家一起听着劲爆的音乐载歌载舞了好一阵子。尽兴后准备返程,在启动车辆时,发现启动机旋转无力,车辆根本无法启动。情急之余,还是其中一个小伙伴提出了一个建议,帮助大家解决了问题。他们是怎么做的呢?

任务驱动

任务 2.1　汽车电源系统认识

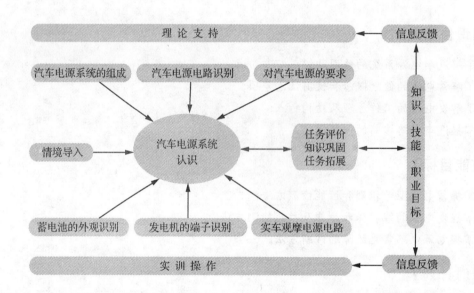

实训指导

实训 1　汽车电源系统的基本认知

【实训准备】

1. 铁质工作台、蓄电池、发电机、发动机实训台架、实训车辆等。
2. 任务工作单、任务评价表等。

基础知识

2.1.1　汽车电源系统概述

1. 汽车电源系统的组成

为了能安全和舒适地驾驶汽车,汽车上装有许多电气设备。汽车不但在行驶时要用电,停车时也要用电。所以汽车上采用两种电源设备:一种是蓄电池(图 2.1),另一种是交流发电机(图 2.2)。其中蓄电池是汽车的辅助电源;交流发电机是汽车的主要电源。两种电源并联工作,发动机不工作时由蓄电池为全车供电;发动机运转后发电机为全车供电,同时也为蓄电池充电。发电机配有电压调节器(图 2.3),用于在发电机转速变化时,调节发电机输出的电压。

【实训目的】

1．了解蓄电池外观特征和国内外对蓄电池容量的表示方法。

2．了解发电机的外观特征，以及接线端子的实际意义。

3．建立汽车电源系统的整体概念，为进一步学习汽车电路打下基础。

【实训步骤】

（1）实训图2.1所示是一款蓄电池顶部标识，在工作页上填写图中A，B，C，D四处的名称或含义。

实训图2.1

实训图2.2所示为免维护蓄电池顶部设计的充电状态指示器。

实训图2.2

（2）对工作台上的实训用蓄电池外观进行观察，认识实训图2.3所示蓄电池桩头夹实物，回答工作页所列问题。

图2.1　蓄电池

图2.2　发电机

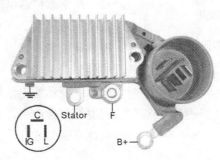

图2.3　调节器

汽车电源系统主要由蓄电池、交流发电机及电压调节器、充电指示灯、点火开关等几部分组成。

2．蓄电池的功用与类型

（1）蓄电池的功用

汽车上安装的蓄电池，主要用于启动发动机，给启动机提供强大的启动电流，一般可达200～600 A。具体的功用有：

① 发动机启动时，向启动系统、点火系统、电子燃油喷射系统等电气设备供电，同时还向交流发电机提供励磁电流。

② 当发动机处于低速运转，发电机输出电压低于蓄电池电压时，向用电设备供电。

③ 发动机中、高速运转时，蓄电池处于充电状态，将发电机多余的电能存储起来。

④ 当用电设备使用过多，发电机超载时，蓄电池协助发电机供电。

⑤ 当发电机转速和负载变化时，保持汽车电源系统电压稳定、吸收电路中的冲击电压，保护汽车上的电子设备。

（2）蓄电池的种类

目前汽车上使用的蓄电池基本以铅酸蓄电池为主，铅酸蓄电池技术成熟、成本较低，而且能高倍率放电。它主要分为三大类，即普通铅酸蓄电池、干荷电铅酸蓄电池及免维护铅酸蓄电池等。

免维护铅酸蓄电池（图2.4）由于自身结构上的优势，电解液的消耗量非常少，在使用的寿命期内不需要补充蒸馏水。它还具有耐震、耐高温、体积小、自放电少的特点。使用寿命一般为普通铅酸蓄电池的两倍。因此，近年来免维护铅酸蓄电池已基本取代了普通铅酸蓄电池。

实训图 2.3

（3）参考实训图 2.4，通过蓄电池上的充电状态指示器，观察工作台上免维护蓄电池的电解液密度，填写作业表并给出结论。

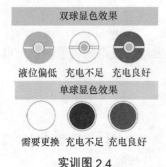

实训图 2.4

注意：在实训过程中，不要轻易搬动工作台上的实训用蓄电池，防止跌落导致人身伤害和设备损坏。

（4）捷达车配置的发电机如实训图 2.5 所示，其接线端子有三个，分别为 B，D+，E。

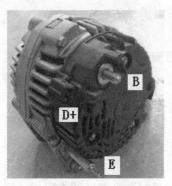

实训图 2.5

图 2.4　免维护铅酸蓄电池

在免维护蓄电池的顶部装有充电状态指示器（图 2.5），用于检查电解液密度，了解存电情况，在其内部设有温度补偿式密度计。密度计的指示器可用不同颜色指示蓄电池的存电情况和电解液液面的高低。从表 2.1 中可以看出，当电解液密度正常时，指示器显示绿色，表示蓄电池电量充足；若指示器显示暗而无色，表示电解液密度低于标准值，应进行补充充电；若指示器显示亮而无色，表示电解液液面过低，需要更换。

表 2.1　电解液密度的检测

项目	内容		
指示器显示	亮而无色	暗而无色	绿色
电解液液位	低	满意	满意
充电状态显示	无法显示	低	满意

（3）蓄电池的额定容量

① 我国规定用 20 h 放电率的容量表示，单位为 A·h。其含义是：在 25 ℃，以额定容量 1/20 的放电电流连续放电 20 h，期间单格电压不低于 1.75 V。

如：一只 12 V 60 A·h 的蓄电池，25 ℃ 时用 60 A·h/20 h=3 A 的电流放电 20 h，终止电压不低于 10.5 V 为合格。

② 国外一般用冷启动电流表示，单位为 CCA。其含义是：在冷冻到 -18 ℃ 以下时，用恒定的大电流放电 30 s。对于 6 个单元格（12 V）的汽车电池，电压在测试期间不能下降到 7.2 V 以下。

图 2.5 所示为一款蓄电池两种容量的表示图案。

3. 交流发电机的功用与类型

（1）发电机的功用

交流发电机的主要功用是对除启动机以外的所有用电设备供电，并向蓄电池充电。

（2）发电机的类型

目前汽车上均采用交流发电机，主要是硅整流交流发电机。交流发电机可分为普通式交流发电机、整体式交流发电机、带泵交流发电机、无刷交流发电机和永磁交流发电机等类型。

参考相关理论知识，描述发电机的三个端子的电路走向，并填写工作页。

注意：在实训过程中，对工作台上的实训发电机要轻拿轻放，防止跌落导致人身伤害和实训设备损坏。

（5）观摩实训室发动机试验台架上电源系统的连线方式，并回答工作页中提出的问题，如实训图2.6所示。

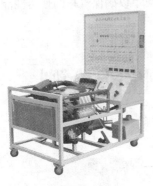

实训图2.6

（6）在实训老师的指导下，以组为单位观摩各实训车辆的电源系统安装结构，如实训图2.7所示，并填写工作页。

实训图2.7

【技术提示】

1．在观摩过程中严禁启动发动机，每个小组的安全员要严守职责。

2．爱护实训台架，未

4．电压调节器的作用与类型

（1）电压调节器的作用

电压调节器的作用是在发电机转速变化时，控制发电机的输出电压保持恒定。发电机的输出电压经过调节之后稳定在13.8～14.5 V。发电机输出电压的调节是通过调节发电机的励磁电流大小来实现的。

（2）电压调节器的类型

电压调节器按工作原理的不同可分为触点式、晶体管式、集成电路式和电控单元控制式等。目前前两种已被淘汰或保有量减少，重点介绍后两种。

① 集成电路调节器。

集成电路调节器由于有超小型特点，可以安装于发电机内部（又称内嵌式调节器），减少了外接线，并且冷却效果得到了改善。目前汽车上大多采用集成电路调节器，如图2.6所示。

图2.5 蓄电池的两种容量表示

图2.6 集成电路调节器

② 电控单元控制调节器。

电控单元控制调节器是现在汽车采用的一种新型调节器，由负载感知器将发电机负载信息提供给电控单元，然后由电控单元控制发电机调节器，适时地接通或断开励磁电路。这样既能可靠地保证电气系统正常工作，又能减轻发动机负荷，提高燃料经济性。如上海通用别克汽车发电机就采用了这种调节器。

2.1.2 汽车电源电路识别

捷达汽车电源电路的几个组成部分的典型连接如图2.7所示。

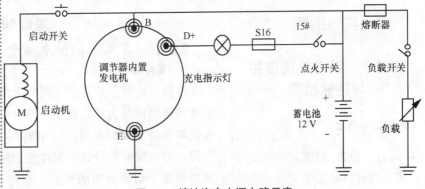

图2.7 捷达汽车电源电路示意

经指导教师或组长同意，不得随意拨动台架上任何部件。

3. 爱护车辆，未经指导教师或组长同意，不得随意拨动车内外任何部件。

发电机励磁电路认读：当点火开关接通点火挡 15# 位置时，电流由蓄电池正极经 15# 点火挡、S16 熔断器、充电指示灯、发电机的 "D+" 端子到发电机内部磁场绕组，再经过内置的电压调节器回到蓄电池负极，完成励磁任务。发电机正常工作后，其 "D+" 端子电压升至电源电压，充电指示灯因两端电压相等而熄灭，表示发电机工作正常。

2.1.3 对汽车电源的要求

1. 对蓄电池的要求

蓄电池必须满足发动机启动的需要。为此要求蓄电池内阻小，大电流输出时电压稳定，以保证发动机良好的启动性能。

2. 对发电机的要求

发电机应能满足用电设备的需求。为此要求发电机在发动机转速变化范围内，能正常发电且电压稳定；此外，要求发电机体积小、质量轻、发电效率高、故障率低、使用寿命长等，以确保汽车的使用性能。

任务 2.2 蓄电池的使用与性能检测

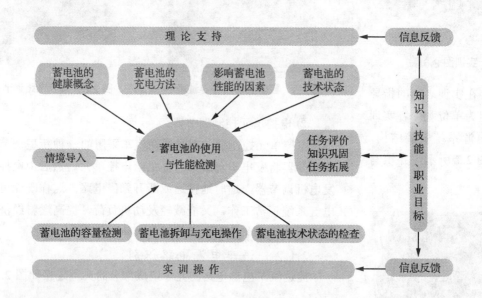

实训指导

实训 2 蓄电池的使用与性能检测

【实训准备】

1. 设备、工具准备：铁质工作台、新旧蓄电池、蓄电池检测仪、万用表、钳形

基础知识

2.2.1 蓄电池的健康概念

1. 蓄电池概述

目前，世界上几乎所有汽车所用的电池都是铅酸蓄电池，这种铅酸蓄电池的最大特点就是：随着电池的使用，电池逐渐老化，当电池容量降低到原本额定值 80% 时，电池的容量可能呈"跳水式"下降。这时候，尽管该电池可能仍然能够提供一定的能量，但随时可能报废。国内外电池行业，都把 80% 的电池容量作为铅酸蓄电池的一个临界点，也就是说，当电池容量降低到其原额定容量的

电流表、充电机、实训车辆、手动工具等。

2．任务工作单、任务评价表等。

【实训目的】

1．掌握蓄电池容量的检测方法。

2．掌握蓄电池的充电方法和规范的操作流程。

3．掌握蓄电池技术状态的检查方法。

【实训步骤】

1．蓄电池容量检测。

（1）打开蓄电池检测仪电源，按被测蓄电池的标称容量选择对应选项，如实训图2.8所示。

实训图2.8

（2）检测给定的蓄电池，记录数据，并填写工作页中相应表格。

（3）根据教材相关资讯，描述该蓄电池的容量储备，回答工作页中提出的问题。

2．蓄电池的恒压充电。

（1）从实训车辆上拆下蓄电池，注意蓄电池线缆的拆卸顺序以及蓄电池拆卸前的注意事项，回答工作页提

80%时，这个电池就已经很不"健康"，需要及时更换了。

2．蓄电池的生命周期

汽车蓄电池对于汽车来说，尽管在成本上所占的比例不高，但它对整部汽车却起着举足轻重的作用。所以，了解汽车电池是否仍然健康良好，提前更换即将要报废的电池，能有效地提高企业的服务水平和用户满意度。

蓄电池的工作环境（包括使用时间、温度、充电状况以及振动）决定了蓄电池的老化速度，在其中任何一种因素的极端状态下，蓄电池的寿命都会急速减少（图2.8）。

图2.8 蓄电池生命周期

那么，有没有一种方法能够预测蓄电池的失效期呢？答案是肯定的。

2.2.2 基于电导技术的蓄电池检测

1．电池内阻和电导值的关系

我们已经了解了电阻值的概念，在理论上，电导值是电阻值的倒数，单位为西门子（S），原来被称为姆欧，取电阻单位欧姆倒数之意。顾名思义，电阻越大，电导值就越小，反之亦然。

不同类型的电池内阻不同。相同类型的电池，由于内部化学特性的不一致，内阻也不同。电池的内阻很小，一般用毫欧为单位来定义它。内阻是衡量电池性能的一个重要技术指标。正常情况下，内阻小的电池的大电流放电能力强，内阻大的电池放电能力弱。

2．基于电导值测量的蓄电池检测技术

经过国际上大量的实验数据表明，电导值与蓄电池容量呈很好的线性关系。也就是说，当蓄电池的能量明显下降时，相应的电导值将会快速下降到它的额定值以下。电导测量值可以追踪蓄电池的生命周期，因此电导值可以有效预测蓄电池的失效。

近年来，国内外汽车行业已广泛采用以电导测试技术为核心的蓄电池检测仪，如图2.9所示。电导测试技术已成为全球大多数汽车厂商唯一认可的蓄电池索赔判定方法。这种蓄电池检测新技术的

出的问题。

（2）确认将充电机电源开关、电流挡位开关均置于"0"位。

（3）检查充电线缆与充电机后部"12 V+"输出端子和"-"端子连接牢固，如实训图2.9所示。

实训图2.9

（4）将充电机红黑的输出线夹分别可靠地夹到蓄电池"+""-"极，如实训图2.10所示。

实训图2.10

（5）为充电机接上220 V交流电源，电压选择开关置于左侧"-"位（12 V），交流电源和12 V指示灯亮。根据蓄电池容量调节电流挡和充电时间，如实训图2.11所示。电流表有显示，充电开始。

（6）记录数据，并填写工作页，回答工作单中相关问题。

（7）将蓄电池安装到实训车辆上，注意蓄电池线缆的安装顺序。

推广，已逐步取代传统的高率放电器测试方法。

图2.9 蓄电池检测仪应用

2.2.3 影响蓄电池能量的因素

1. 很多正常的过程会造成电池失去能量

（1）电池内部典型的化学反应。

（2）电池结构和测试。

（3）电池在发货时的搬运。

（4）经销商存放电池和新车库存。

（5）短时间行驶，没有让电池充满。

2. 影响电池电量状态的因素

（1）典型的寄生放电

小电流负荷，用于供电给车载电子装置（数字时钟、电控模块、收音机存储信息等），这样的小电流会持续不断地使电池放电，称为寄生放电。即使在点火开关关闭时，依然放电，它的大小取决于车载电子模块的技术水平。目前，轿车的寄生电流正常值大多小于0.25 A。

（2）长期存放

当电池就位时，它更容易放电。就位时间越长，变得越坏。因此，当蓄电池超过30天不用时，为了保持电池的健康状态良好，必须断开负极电缆，并且每隔30天到60天就给电池充一次电。

（3）变化的温度

电池的理想温度是27 ℃，极端的温度影响电池的寿命。冷温会使电池产生低能量并且难以充电，极端冷会影响电池提供电能的能力；温度越高，放电越大。极端热会使电池性能变差，被放电和永久损坏。

（4）顾客驾驶习惯

电池失去能量最可能的原因：

① 没有长时间驾驶，电池就会经受过放电，导致硫酸盐化。

② 高温下停放或等待的车辆会造成电池过热。

③ 冷天长时间启动发动机使电池严重过放电。

2.2.4 蓄电池的充电方法

一般情况下，车辆如果能够正确使用及保养得当，充放电系统正常，蓄电池都能达到正常的使用寿命。通过2.2.3节的学习，我们知道造成蓄电池电量下降的原因有很多，所以定期检查蓄电池电压就显得非常重要，一个蓄电池若电压下降至12.4 V或更低就必须为其充电。蓄电池常用的充电方法有以下几种。

1. 恒流充电

在充电过程中，使充电电流（一般为蓄电池额定容量的 0.1 倍以下，如 60 A·h 蓄电池不大于 6 A）保持恒定的充电方法称为定电流充电法，简称恒流充电。

恒流充电时，被充电的蓄电池不论是 6 V 或 12 V，均可以串在一起进行充电，其连接方式如图 2.10 所示。若串联在一起的蓄电池容量不同，充电电流以容量最小的蓄电池来计算，当小容量的蓄电池充满之后，应随即卸除，再继续给大容量蓄电池充电。

实训图 2.11

注意：

（1）在维修现场，蓄电池拆卸前要询问车主该车辆有无音响密码，如果有，需要记录下来，用于断电后开机用，实训图 2.12 所示为音响密码锁定情景。

实训图 2.12

（2）拆卸蓄电池时，先拆卸负极线缆，后拆卸正极线缆；安装时，先装正极，后装负极。

3. 蓄电池技术状况检查。

（1）准备：关闭实训车辆点火开关，确认四门关闭，停用所有辅助用电设备。

（2）空载电压检测：用万用表检查直流 20 V 挡位，测量蓄电池空载电压如实训图 2.13 所示，在工作单上做好记录。

（3）漏电电压检测：用万用表直流 2 V 挡位，黑表笔接电池负极，红表笔接触蓄电池顶部和侧面各部位如实训图 2.14 所示，在工作页上记录数据。

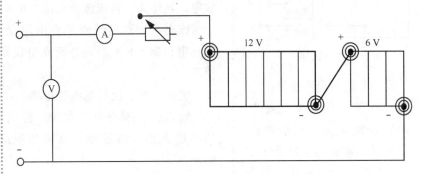

图 2.10 恒流充电接线

优点：适用性好，可以选择和调整充电电流，有益于延长蓄电池的使用寿命，可适用于不同类型的电池。

缺点：充电时间长，且需要经常调节充电电流。

2. 恒压充电

在充电过程中，充电电压始终保持不变的充电方法称为定电压充电法，简称恒压充电。汽车发电机就是恒压充电的典型应用。在维修车间，恒压充电的连线方式如图 2.11 所示。采用此方式时，要求各支路蓄电池的额定电压必须相同，容量也要一样。

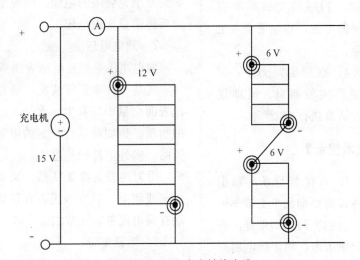

图 2.11 恒压充电接线方式

恒压充电的充电电压一般按单格电压 2.5 V 选取，如 3 格 6 V

蓄电池充电电压取 7.5 V，6 格 12 V 蓄电池充电电压取 15 V。

优点：一是充电效率高，开始充电 4～5 h 内，蓄电池就能获得 90%～95% 的电量，因而可以大大减少充电时间；二是操作方便，不易过充电。

缺点：初充电电流过大，温升过快，影响蓄电池的技术性能和使用寿命。因此，这种方法在维修车间除短时间补充充电的情况下，一般很少使用。另外，恒压充电完成后，充电电流自动趋向于零，所以恒压充电不能确保蓄电池完全充足电。

3．脉冲快速充电

整个充电过程为：正脉冲充电、停充（25 ms）、负脉冲（瞬间）放电、再停充、再正脉冲充电，如此循环。

该充电方法的特点是充电速度快，充电时间大大缩短。一次初充电只需 5 h 左右，补充充电仅需 1 h 左右，非常适合在快修店使用。

优点：可以使蓄电池容量增加，使极板"去硫化"作用明显。

缺点：由于充电速度快，蓄电池出气率高，对极板活性物质的冲刷力强，故易使活性物质脱落，因而对蓄电池寿命有一定影响。

2.2.5 蓄电池工作的技术状况

除了蓄电池的容量检测之外，蓄电池在正常工作时还需对空载电压、漏电电压、泄漏电流等技术状况做经常性的检查。

1．空载电压

空载电压是指蓄电池在没有电流输出的情况下的端电压。在汽车上将寄生电流忽略不计，在没有其他供电电流时所测到的电压值为空载电压。一个充足电的 6 格 12 V 蓄电池，它的空载电压为 12.6 V。

检测蓄电池空载电压时，蓄电池的温度应为 15.5～37.7 ℃。如果是刚充完电的电池，则应至少等待 10 min，让蓄电池的电压稳定后再测量空载电压。

2．漏电电压

漏电电压是指蓄电池表面或侧面对蓄电池负极间的电压数值。

这是一种非正常情况，当蓄电池在使用过程中失于保养，蓄电池表面由累积的灰尘、水分、油垢和溢出的电解液等形成一种导电的物质。该物质虽有一定的电阻值，但积累多了会将电池的正负极短路，额外消耗一些电能。

用万用表直流 2 V 挡，黑表笔接蓄电池负极，红表笔接蓄电池顶部或侧面，只要电压表有任何读数，不论读数大小，都表明蓄电池有漏电现象。正常的蓄电池，漏电电压值应小于 0.05 V。

3．泄漏电流

泄漏电流是指大于寄生电流的那一部分的电流值，该值是一个模糊的数据，视车辆的寄生电流大小而定。

如果车主加装一些电气装备时连接线有误，或经常不拔下钥匙，

实训图 2.13

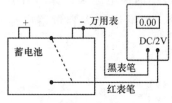

实训图 2.14

（4）泄漏电流检测：将钳形电流表钳口夹在蓄电池正极线缆上，观察数据显示，如实训图 2.15 所示。在工作页上记录数据。

实训图 2.15

对比寄生电流的参考数据，判断该实训车辆有无泄漏电流，将结果填入工作单。

4．整理实训文件、回收整理实验器材。清理现场，认真执行 6S 管理。

【技术提示】

1．在维修现场，蓄电池拆卸前要询问车主该车辆有无音响密码，如果有，需要记录下来，用于断电后开机用。

2．注意万用表和钳形

电流表的正确使用。

3．注意检测仪的正确使用方法。

下车忘记关行李舱或阅读灯时，泄漏电流可达几百毫安，使蓄电池额外放电致亏。

任务 2.3　发电机的维护与性能检测

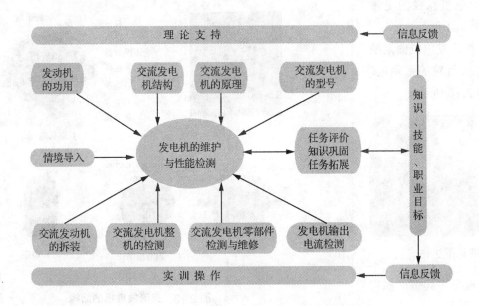

实训指导

实训 3　交流发电机的拆装

【实训准备】

1．设备与器材：交流发电机、发电机专用拉器、手动工具等。

2．将"任务工作单"分发给每位学生。

基础知识

2.3.1　汽车发电机的功用

发电机是汽车的主要电源，其功用是在发动机正常运转时（怠速以上），向所有用电设备（启动机除外）供电，同时向蓄电池充电。具体电路连接如图 2.12 所示。

2.3.2　汽车交流发电机的结构

三相交流发电机主要由转子总成、定子总成、皮带轮、风扇、前端盖、后端盖及电刷总成等组成，如图 2.13 所示。

1．转子

（1）功用：产生磁场。

（2）结构：由转子轴、励磁绕组、爪形磁极和滑环等组成，如图 2.14 所示。

【实训目的】

1. 知道交流发电机的组成部分。
2. 能够说出各部分作用。
3. 掌握交流发电机的拆装方法。

【实训步骤】

1. 让学生先填写"任务工作单"和"任务评价表"的部分内容。

2. 发电机总成的更换（以捷达轿车为例）。

（1）松开发电机固定螺栓，松开张紧轮的张紧度，如实训图 2.16 所示。

实训图 2.16

（2）取下多楔带，如实训图 2.17 所示。

实训图 2.17

（3）取下紧固螺栓，将发电机摇松。

（4）将发电机倒置，拧下发电机输出接线柱，取下发电机，如实训图 2.18 所示。

（5）按相反的顺序安装发电机总成。

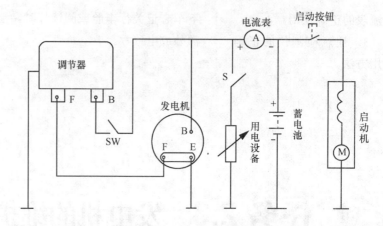

图 2.12 电源系连接示意图

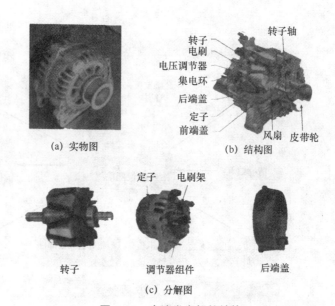

图 2.13 交流发电机的结构

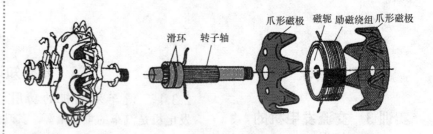

图 2.14 转子的组成

当给两滑环通入直流电时，励磁绕组中就有电流通过，并产生轴向磁通，使爪极一块被磁化为 N 极，另一块被磁化为 S 极，从而形成六对（或八对）相互交错的磁极。当转子转动时，就形成了旋转的磁场。

2. 定子

（1）作用：产生交流电。

（2）结构：定子由定子铁芯和定子绕组（线圈）组成。定子铁芯由内圈带槽、互相绝缘的硅钢片叠成。定子绕组有三组线圈，对称地嵌放在定子铁芯的槽中。三相绕组的连接有星形接法和三角形接法两种，如图2.15所示。

定子安装在转子的外面，和发电机的前后端盖固定在一起，当转子在其内部转动时，引起定子绕组中磁通的变化，定子绕组中就产生交变的感应电动势，产生三相交流电。

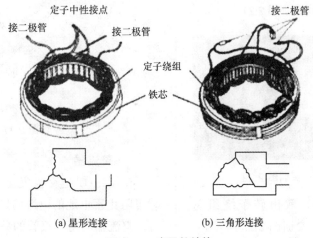

图2.15 定子的结构

实训图2.18

（6）检查传动皮带是否偏斜，检查皮带松紧度。

3．发电机分解与装配。

（1）用扭力扳手拧出发电机皮带轮的紧固螺母，取下螺母垫圈。

（2）用拉器拉出发电机皮带轮，如实训图2.19所示。

实训图2.19

（3）拧下发电机后端盖的整流器罩盖螺栓，取下后端盖。

（4）拧下发电机前、后端盖壳体紧固螺栓，用橡胶锤敲击转子轴，如实训图2.20所示。

实训图2.20

（5）取出前端盖，如实训图2.21所示。

（6）取出止推垫圈，取出风扇叶轮，如实训图2.22所示。

3．风扇

风扇一般用1.5 mm厚的钢板冲压而成或用铝合金铸造制成，其作用是发电机工作时，强制通风，对发电机进行冷却。

目前新型的发电机将外壳装单风叶改装为两个风叶，并分别固定在发电机的转子极爪的两侧，增强了通风效果，如图2.16（a）所示。

4．皮带轮

皮带轮通常由铸铁或铝合金制成，安装在交流发电机的前端。发动机通过皮带驱动发电机旋转，如图2.16（b）所示。

5．前、后端盖

前、后端盖用非导磁性的材料铝合金制成，它具有轻便、散热性好等优点。在后端盖上装有电刷总成。在前、后端盖上均有通风口，当它旋转后风扇能使空气高速流经发电机内部进行冷却，如图2.16（c）、（d）所示。

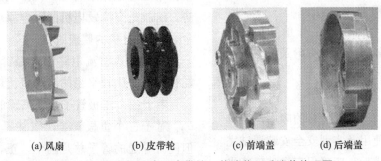

图2.16 发电机风扇、皮带轮、前端盖、后端盖外观图

实训图2.21

实训图2.22

（7）取出转子绕组总成，如实训图2.23所示。

实训图2.23

（8）按拆解的反顺序装复。装复后，转动发电机皮带轮，转子转动平顺，无摩擦及碰击声。

4．将相关数据填写在"任务工作单"上。

5．回收工具，整理、清洁工作场所，认真执行6S管理。

"任务工作单"和"任务评价表"见附录。

【技术提示】

注意拆装的顺序，工具使用及实训安全安装调试完成后，应确保车窗玻璃能平稳，顺利上升或下降。

6．电刷总成

两只电刷装在电刷架的方孔内，并在其弹簧的压力推动下与转子滑环保持良好的接触。电刷的结构有外装式和内装式两种，如图2.17所示。

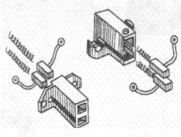

(a) 外装式　　　(b) 内装式

图2.17 电刷及电刷架的组成

7．整流器

作用：① 把交流发电机产生的三相交流电变成直流电输出；② 可阻止蓄电池的电流向发电机倒流。

整流器利用二极管的单向导通性，将交流电转换为直流电。

2.3.3　汽车交流发电机的工作原理

1．交流电动势的产生

发电机定子的三相绕组按一定规律分布，在发电机的定子槽中，内部有一个转子，转子上安装着爪极和励磁绕组，发电机的工作原理如图2.18所示。

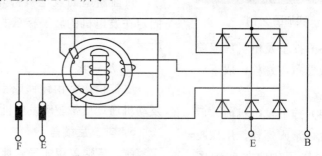

图2.18 硅整流发电机的工作原理

当外电路通过电刷使励磁绕组通电时，便产生磁场，使爪极被磁化为N极和S极。当转子旋转时，磁通交替地在定子绕组中变化，根据电磁感应原理可知，定子的三相绕组中便产生交变的感应电动势。这就是交流发电机的发电原理。

2．发电机的整流过程

三相桥式整流电路中二极管的依次循环导通，使得负载 R_L 两端得到一个比较平稳的脉动直流电压。

对于三个正极管子，在某瞬时，电压最高一相的正极管导通。

对于三个负极管子，在某瞬时，电压最低一相的负极管导通。但同时导通的管子总是两个，正、负管子各一个。

3．中性点电压

在定子绕组为星形连接时，三相绕组的公共结点称为中性点。

实训4 交流发电机整机的检测

【实训准备】

1. 设备与器材：交流发电机、万用表、手动工具等。
2. 将"任务工作单"分发给每位学生。

【实训目的】

1. 掌握交流发电机的充电指示灯检测方法。
2. 掌握发电机的检测和维修方法。

【实训步骤】

1. 让学生先填写"任务工作单"和"任务评价表"的部分内容。

2. 检测交流发电机充电指示灯。

（1）打开点火开关。

（2）观察不启动发动机时充电指示灯是否点亮；启动发动机后，充电指示灯是否点亮，如实训图2.24所示。

实训图 2.24

（3）正常情况下，不启动发动机，充电指示灯应点亮，启动后应熄灭。如不正常，应检查发电机。

3. 检测发电机。

（1）启动发动机。

（2）用一铁质物体检查发电机转子轴有无磁性，如实训图2.25所示。如有说

从三相绕组的中性点引一根导线到发电机外，标记为"N"。"N"点电压称为中性点电压。中性点电压的瞬时值是一个三次谐波电压，如图2.19所示。平均值为发电机输出电压（平均值）的一半。

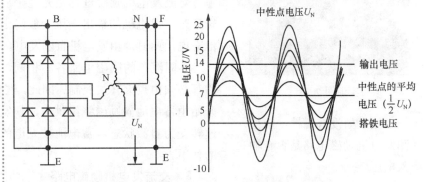

图2.19 中性点电压的波形

2.3.4 发电机的励磁方式

除了永磁式交流发电机不需要励磁以外，其他形式的交流发电机都必须给励磁绕组通电才会有磁场产生而发电，否则发电机将不能发电。

将电流引入励磁绕组使之产生磁场称为励磁。交流发电机励磁方式有他励和自励两种。

1. 他励

在发电机转速较低时（发动机未达到怠速转速），自身不能发电。单靠微弱的剩磁产生很小的电动势，很难克服二极管的正向电阻，需要蓄电池供给发电机励磁绕组电流，使励磁绕组产生磁场来发电。这种由蓄电池供给磁场电流发电的方式称为他励发电，如图2.20所示。

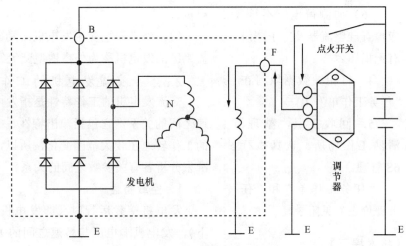

图2.20 发电机他励电路连接

2. 自励

随着转速的提高（一般在发动机达到怠速时），发电机定子绕组的电动势逐渐升高并能使整流器二极管导通，当发电机的输出电

明发电机励磁良好。

实训图2.25

（3）如没有磁性，应检测发电机励磁电路是否有输入电压。

（4）如无输入电压，应检测电压调节器及励磁绕组有无损坏。

（5）检查发电机输出电压（发动机转速为2 500 r/min）发电机输出应为12～14.8 V，如实训图2.26所示。

实训图2.26

（6）如测得电压不符，应检查硅整流器及定子绕组有无损坏。

4．将相关数据填写在"任务工作单"上。

5．回收工具，整理、清洁工作场所，认真执行6S管理。

"任务工作单"和"任务评价表"见附录。

【技术提示】

注意万用表的使用方法和挡位的选择。

压 U_B 大于蓄电池电压时，发电机即能对外供电。当发电机能对外供电时，就可以把自身发的电供给励磁绕组，这种自身供给磁场电流发电的方式称为自励。

交流发电机励磁过程是先他励后自励。当发动机达到正常怠速转速时，发电机的输出电压一般高出蓄电池电压1 V以上便对蓄电池充电，此时，由发电机自励发电。

不同汽车的励磁电路各不相同，但有一个共同特点是，励磁电路都必须由点火开关控制。因此，汽车上发电机必须与蓄电池并联，开始由蓄电池向励磁绕组供电，使发电机电压很快建立起来，并迅速转变为自激状态，蓄电池被充电的机会也多一些，有利于蓄电池的使用。

3．交流发电机励磁电路

励磁绕组通过两只电刷（F和E）和外电路相连，根据电刷和外电路的连接形式不同，发电机分为内搭铁型和外搭铁型两种，如图2.21所示。

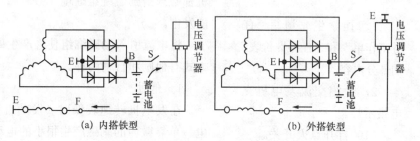

(a) 内搭铁型　　　　　　　　(b) 外搭铁型

图2.21　内外搭铁型交流发电机励磁电路

（1）内搭铁型交流发电机：励磁绕组的一端经负电刷（E）引出后和后端盖直接相连（直接搭铁）的发电机称为内搭铁型交流发电机。

（2）外搭铁型交流发电机：励磁绕组的两端（F和E）均和端盖绝缘的发电机称为外搭铁型交流发电机。

2.3.5　交流发电机的工作特性

交流发电机的工作特性是指发电机输出的直流电压、电流与转速之间的关系。它包括输出特性、空载特性和外特性。由于发电机的工作转速在较大范围变化，所以，研究发电机特性应以转速为基准来分析各有关参数之间的关系。

1．空载特性

发电机空载运行时（即发电机不向任何用电设备供电的状态下），发电机端电压与转速之间的关系，称为空载特性。空载特性可以判断发电机低速充电性能的好坏，同时也可看出发电机的输出电压是随着发电机的转速升高而增高的。

2．输出特性

发电机输出电压一定时，它的输出电流随着转速的变化规律，称为输出特性。当转速达到一定值后，发电机的输出电流几乎不再

实训 5 交流发电机零部件的检测与维修

【实训准备】

1．设备与器材：交流发电机、万用表、游标卡尺、手动工具等。

2．将"任务工作单"分发给每位学生。

【实训目的】

1．知道交流发电机的组成。

2．掌握发电机主要零部件检测和维修方法。

【实训步骤】

1．让学生先填写"任务工作单"和"任务评价表"的部分内容。

2．转子的检查。

（1）励磁绕组短路和断路的检查：用万用表的两个表笔分别接触在两个集电环上，如实训图 2.27 所示，用电阻挡检测其电阻，正常值为 2.5～6 Ω，如电阻比标准值小，说明励磁绕组有短路故障；如电阻无穷大，说明有断路故障。

实训图 2.27

（2）励磁绕组绝缘性检查：用万用表的蜂鸣挡检查转子绕组与铁芯（或转子轴）之间的导通情况，正常

继续增加，具有自动限制输出电流的能力。

3．外特性

当发电机转速一定时，发电机端电压与输出电流之间的关系，称为外特性。

在转速变化时，发电机端电压有较大变化；在转速恒定时，由于输出电流的变化，对端电压也有较大影响。因此，要使输出电流稳定，必须配用电压调节器；高速时，当发电机突然失去负载时，端电压会急剧升高，这时电气设备中的电子元件将有被击穿的危险。

2.3.6 交流发电机的型号

根据中华人民共和国汽车行业标准 QC/T73—93《汽车电气设备产品型号编制方法》的规定，汽车交流发电机型号由产品代号、电压等级代号、电流等级代号、设计序号、变型代号五部分组成，如图 2.22 所示。

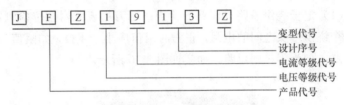

图 2.22 交流发电机型号

1．产品代号

产品代号用中文字母表示，例：JF—普通交流发电机；JFZ—整体式（调节器内置）交流发电机；JFB—带泵的交流发电机；JFW—无刷交流发电机。

2．电压等级代号

电压等级代号用一位阿拉伯数字表示，1 表示 12 V 电源系统；2 表示 24 V 电源系统；6 表示 6 V 电源系统。

3．电流等级代号

电流等级代号也用一位阿拉伯数字表示，其含义见表 2.2。

表2.2 电流等级代号

	1	2	3	4	5	6	7	8	9
电流/A	≤19	≥20～29	≥30～39	≥40～49	≥50～59	≥60～69	≥70～79	≥80～89	≥90

4．设计序号

设计序号用 1～2 位阿拉伯数字表示产品设计的先后顺序。

5．变型代号

交流发电机以调整臂位置作为变型代号，从驱动端看，调整臂在左端用 Z 表示，调整臂在右端用 Y 表示，调整臂在中间不加标记。

注：进口发电机不符合上述标准。

应为∞，若有蜂鸣声，说明搭铁故障，如实训图2.28所示。

（3）集电环的检测：观察集电环，应光滑平整，若有划伤或沟槽应用细砂布磨光，如实训图2.29所示；用游标卡尺测量集电环外径，其值应不小于标准直径的0.5 mm，集电环厚度应不小于1.50 mm。

实训图2.28

实训图2.29

3．定子的检测。

（1）定子绕组短路与断路的检查：用万用表欧姆挡位检测定子每两个绕组端头之间的电阻，正常时阻值应小于1 Ω。如阻值为∞，则断路；如为零，则短路，如实训图2.30所示。

实训图2.30

（2）定子绕组搭铁检查：用万用表蜂鸣挡，检测定子铁芯与定子绕组各接线端的电阻，正常值应为∞，如实训图2.31所示。

（3）整流器的检查。

① 正极管的检测：用万用表的蜂鸣挡，黑表笔接元件板，红表笔分别接整流器各接柱，万用表应均导通，否则说明该二极管断路；调换两根表笔进行测试，此时，万用表应均不导通，否则说明二极管短路，如实训图2.32所示。

实训图2.31

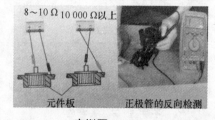
实训图2.32

② 负极管的检测：用万用表的蜂鸣挡，红表笔接发电机后端盖，黑表笔接整流器各接柱，万用表应均导通，否则说明该二极管断路；调换两根表笔进行测试，此时，万用表应均不导通，否则说明二极管短路，

如实训图 2.33 所示。

4．电刷组件的检查。

观察电刷组件，其表面不得有油污，且应在电刷架中活动自如，用游标卡尺检测电刷，其外露长度应不小于 7 mm。如实训图 2.34 所示。电刷架应无裂纹，弹簧应无腐蚀或者折断现象，否则应更换电刷或电刷弹簧。

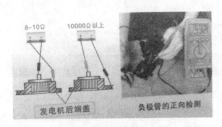

实训图 2.33

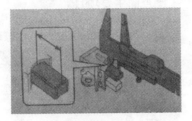

实训图 2.34

5．将相关数据填写在"任务工作单"上。

6．回收工具，整理、清洁工作场所，认真执行 6S 管理。

"任务工作单"和"任务评价表"见附录。

【技术提示】

1．注意游标卡尺的使用方法。
2．注意万用表的使用。

 任务 2.4 汽车电源系统常见故障与维护方法

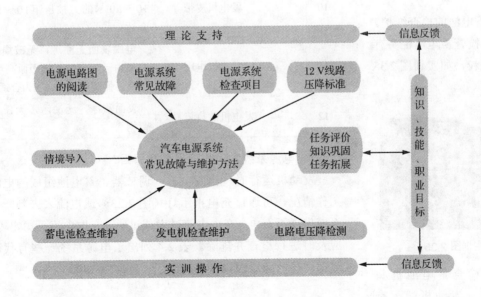

实训指导

实训 6　汽车电源系统预防性维护

【实训准备】

1．设备、工具准备：蓄电池检测仪、万用表、钳形电流表、实训车辆、手动工具、电子听诊仪等。

2．学习文件：任务工作单、任务评价表等。

3．教学组织：按实训设备及器材的数量，合理地将学生分为几个小组，选出组长和安全员。

【实训目的】

1．了解汽车电源系统预防性维护的作业流程和具体内容。

2．巩固和提高万用表、钳形电流表、蓄电池检测仪等检测仪器的应用能力。

3．掌握汽车电路中的电压降检查方法。

【实训步骤】

1．蓄电池的检查维护。

（1）检查蓄电池桩头有无结晶颗粒，如实训图 2.35 所示。

实训图 2.35

（2）检查蓄电池桩头夹、线缆、发动机端子有

基础知识

2.4.1　汽车电源系统故障诊断基础

1．电源系统故障诊断一般流程

汽车电源系统的诊断，同其他汽车电路诊断一样，与车主沟通之后，再通过耳听、眼看、手摸、仪器检测等方法获得第一手信息，在与标准数据比较后，综合分析出故障原因。表 2.3 列出了电源系统检查的主要项目。

表 2.3　电源系统检查的主要项目

序号	部件	检查项目	技术要求
1	蓄电池	蓄电池桩头	洁净、无结晶颗粒
2		蓄电池线缆、线夹	紧固、无破损
3		蓄电池空载电压	充足电不小于12.5 V
4		蓄电池充电状态	窗口显示绿色为正常
5		蓄电池容量检测	常温下蓄电池测试容量不应低于额定容量的70%
6	充电系统	仪表盘上充电指示灯	发动机停止，点火开关在ON挡时，指示灯点亮；发动机运转时，指示灯熄灭
7	发电机	发电机输出电压	启动后随发动机转速升高而稳定在13.6～14.5 V间某一个电压值不再变化
8		发电机输出电流	空载性能：关闭所有用电设备，发动机转速为2 000 r/min，空载电流值应小于10 A 负载性能：打开灯光、空调等用电设备，电流值应大于30 A
9		检查发电机紧固	输出端子连接紧固、无油污、无腐蚀；固定螺栓，无松动
10		发电机皮带	张紧度合适、无裂纹、无破损，用30～50 N的力按压下10～15 mm为合适
11		发电机电刷	电刷表面无油污、无破损、变形，在架内活动自如，低于原高度1/2时需更换。弹簧压力3～5 N为合适
12		发电机散热装置	表面洁净，无油污，无任何碎片残留物

2．电源系统常见故障现象及原因

发动机运行时，由发电机、调节器、蓄电池组成的电源系统的工作情况，可通过充电指示灯（图 2.23）或电流表来判断。当充电系统出现不充电、充电电流过大或过小、充电电流不稳定等故障时，应及时进行检查并排除。表 2.4 列出了电源系统一些有代表性的故障部位与故障原因。

无松动或损坏，如实训图2.36所示。

实训图 2.36

（3）检查蓄电池充电状态，如实训图2.37所示，做好记录。

实训图 2.37

（4）连接蓄电池检测仪，如实训图2.38所示，正确输入蓄电池容量标称值，启动发动机测出蓄电池放电能力（CCA）、充电电压（V）和启动电压（V），填写工作单。

实训图 2.38

2．发电机的维护检查。

（1）检查发电机皮带有无松弛或损坏，如实训图2.39所示。

图 2.23　充电指示灯

表 2.4　电源系统的故障部位、故障原因

序号	故障现象	故障部位	故障原因
1	不充电（充电指示灯亮）	接线	接线断开或脱落
		发电机不发电	二极管烧坏；电刷卡死与滑环不接触；定子或转子绕组断路或短路
		调节器	调节电压过低
2	充电电流过小（启动性能变差、灯光变暗）	接线	接头松动
		发电机发电不足	发电机皮带过松；个别二极管损坏；电刷接触不良；定转子绕组局部短路
		调节器	调节电压过低
3	充电电流过大	调节器	调节电压过高
4	充电电流不稳定	接线	各连接处松动，接触不良
		发电机	皮带过松；定子、转子绕组有故障；电刷压力不足，接触不良；接线柱松动
		调节器	连接处松动；电子元件性能变差
5	发电机有异响	发电机	发电机安装不当，连接松动；发电机轴承损坏，转子、定子相撞；二极管断路、短路，定子绕组断路

3．汽车电源系统的预防性维护

一些汽车故障按照汽车诊断的内在规律，绝大多数完全是可以预防的，任何一个汽车故障都有它的发生机理，只要认识到某一故障的发生机理，就可以最大限度地把故障解决在萌芽状态。汽车预防性维护的概念，正是基于这一原理提出的。针对汽车电源系统的预防性维护，具体的工作有：

（1）对蓄电池的桩头、线夹、线缆充电状态等项目的目测检查，对有故障隐患的部位及时处理。对发电机接线端子、固定螺栓检查紧固。

（2）使用检测仪器对蓄电池的空载电压、电量存储、放电能力、线路电压降等技术性能做准确检测，及时提醒客户更换蓄电池，以免蓄电池突然失效而给客户带来麻烦。

（3）对发电机皮带、电刷、散热装置进行检查，有故障隐患的部位需及时调整或更换。

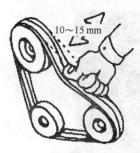

实训图 2.39

（2）发电机皮带的破损程度检查，如实训图 2.40 所示。

实训图 2.40

（3）发动机停止时，检测蓄电池静态电压，如实训图 2.41 所示，记录数据。

（4）发动机运行中，测量发电机输出电压，如实训图 2.42 所示。

实训图 2.41

实训图 2.42

（4）使用检测仪器对发电机的空载性能、负载性能、充电电压等电气性能做准确检测，可以发现一些发电机的故障隐患。

2.4.2 汽车电源电路图识读

捷达轿车电源发电机励磁电路的几个组成部分的典型连接如图 2.24 所示。

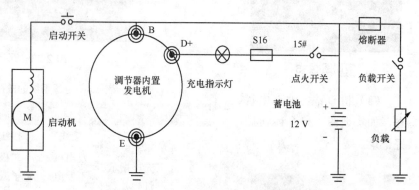

图 2.24 捷达轿车电源励磁电路示意

发电机励磁电路识读：当点火开关接通点火挡 15# 位置时，电流由蓄电池正极经 15# 点火挡、S16 熔断器、充电指示灯、发电机的"D+"端子到发电机内部励磁绕组，再经过内置的电压调节器回到蓄电池负极，完成励磁任务。发电机正常工作后，其"D+"端子电压升至电源电压，充电指示灯因两端电压相等而熄灭，表示发电机工作正常。

2.4.3 12 V 电路系统电压降标准值

电压降测试是分析电路故障非常有效的方法。电路在工作时，在一根线路的两点用万用表低电压挡位（2 V/DC）测量电压值。如果电路中有电阻，则仪表一定会有数值读出，此数值则为这段线路的电压降，如果没有电阻，电压降应该为零，或者很接近零。在给定的电路，一般汽车厂商都给出了电压降的标准，参考这个标准数据，可以判定被测线路是否可用。表 2.5 给出的是一组典型的 12 V 电路系统的电压降标准数值。

表2.5 典型的12 V电路系统电压降数据

序号	测试部位	电压降/V
1	小于92 cm长蓄电池连线	<0.10
2	大于92 cm长蓄电池连线	<0.20
3	启动机电磁开关	<0.30
4	电磁阀	<0.20
5	机械式开关触点	<0.10
6	蓄电池桩头处	<0.05
7	普通连接处	0.00

（5）发动机运行中，测量发电机输出电流（检查空载性能与负载性能），如实训图2.43所示。

实训图 2.43

3．电路电压降检测。

（1）万用表选择直流2V挡位。

（2）红表笔接蓄电池正极桩头，黑表笔接正极桩头线夹，如实训图2.44所示。

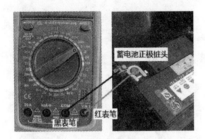

实训图 2.44

（3）打开点火开关分别至ACC，ON，STA挡，观察万用表数值显示，在工作单相应表格中做好记录。将ON挡时的数据与表2.3中"蓄电池桩头处"数值比较，给出检测结论。完成考评。

4．整理实训文件，回收整理实验器材。清理现场，认真执行6S管理。

【技术提示】

注意万用表、钳形电流表、蓄电池检测仪等检测仪器的正确使用。

任务实施

为了让学生在今后的工作中能够很好地判断电源的故障和相关的标准电压值，在电源系统部分系统地讲解了蓄电池的基础知识，蓄电池的维护与性能检测，发电机的维护与性能检测以及电源系统常见的故障与诊断方法等知识，并通过实训让学生能够联系实际，获得一些实际经验。

相关链接

一、发电机电压调节器的功用

由于交流发电机的转子是由发动机通过皮带驱动旋转的,且发动机和交流发电机的速比为 1.7～3,又由于交流发电机转子的转速变化范围非常大,这样将引起发电机的输出电压发生较大变化,无法满足汽车用电设备的工作要求。为了满足用电设备恒定电压的要求,交流发电机必须配用电压调节器才能工作。

电压调节器是把发电机输出电压控制在规定范围内的装置,其功用是在发电机转速变化时,自动控制发电机电压保持恒定,使其不因发电机转速高时,电压过高而烧坏用电器和导致蓄电池过充电;也不会因发电机转速低时,电压不足而导致用电器工作失常。

二、发电机电压调节器的分类

交流发电机电压调节器按工作原理可分为:

1. 触点式电压调节器

触点式电压调节器应用较早,这种调节器触点振动频率慢,存在机械惯性和电磁惯性,电压调节精度低,触点易产生火花,对无线电干扰大,可靠性差,寿命短,现已被淘汰。

2. 晶体管电压调节器

随着半导体技术的发展,采用了晶体管电压调节器,如图 2.25 所示。其优点是:三极管的开关频率高,且不产生火花,调节精度高,还具有质量轻、体积小、寿命长、可靠性高、电波干扰小等优点,现广泛应用于东风、解放及多种中低挡车型。

图 2.25 晶体管电压调节器

3. 集成电路电压调节器

集成电路电压调节器除具有晶体管电压调节器的优点外,还具有超小型,安装于发电机的内部(又称内装式调节器),减少了外接线,并且冷却效果得到了改善,如图 2.26 所示。现广泛应用于桑塔纳、奥迪等多种轿车车型上。

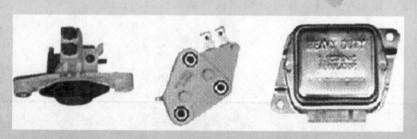

图 2.26 集成电路电压调节器

4. 计算机控制电压调节器

计算机控制电压调节器是现在轿车采用的一种新型调节器,由负载检测仪测量系统总负载后,向发电机计算机发送信号,然后由发动机计算机控制发电机电压调节器,适时地接通和断开磁场电路。既能可靠地保证电器系统正常工作，使蓄电池充电充足，又能减轻发动机负荷，提高燃料经济性。上海别克、广州本田等轿车发电机上使用了这种调节器。

交流发电机电压调节器按所匹配的交流发电机搭铁类型可分两种：

（1）内搭铁型电压调节器

内搭铁型电压调节器适用于内搭铁型交流发电机的电子调节器称为内搭铁型电压调节器。

（2）外搭铁型电压调节器

外搭铁型电压调节器适合用于外搭铁型交流发电机的电子调节器称为外搭铁型电压调节器。

对于晶体管电压调节器，在使用过程中，最好使用汽车说明书中指定的调节器，如果采用其他型号替代，除标称电压、功率等规定参数与原调节器相同外，代用调节器必须与原调节器的搭铁形式相同，否则，发电机可能由于励磁电路不通而不能正常工作。

三、汽车电源新技术

（一）新型汽车发电机

1. 无刷交流发电机

带有碳刷滑环结构的交流发电机，易出现电刷过度磨损、电刷在刷架中卡滞、电刷弹簧失效、滑环脏污等使电刷与滑环接触不良的现象，是造成发电机不发电或发电不良的原因之一。无刷交流发电机可以克服普通交流发电机的这一缺陷，因而在汽车上也开始得到了应用。目前无刷交流发电机有以下几种类型：

（1）爪极式无刷交流发电机

（2）励磁式无刷交流发电机

（3）感应子式无刷交流发电机

（4）永磁式无刷交流发电机

适合汽车上应用的是永磁式无刷交流发电机。

2. 永磁式发电机

永磁式交流发电机以永久磁铁为转子磁极而产生旋转磁场，常用的永磁材料有铁氧体、铝镍钴、稀土钴、钕铁硼等。图2.27为永磁无刷式交流发电机原理示意图。

永磁式无刷交流发电机具有体积小、质量轻、维护方便、比功率大、低速充电性能好等优点，若永磁材料的性能有更进一步的提高，相信这类发电机将会得到快速发展。

3. 带泵交流发电机

带泵交流发电机与普通交流发电机不同的是转子轴很长并伸出后端盖，联动一个真空泵，为汽车制动系统中的真空助力器件提供真空源。图2.28所示为带泵交流发电机的外观。

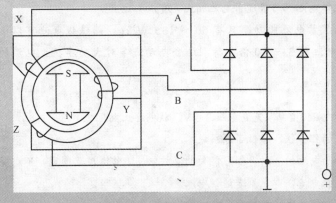

图2.27　永磁无刷式交流发电机原理

图2.28　带泵交流发电机

(二)新型汽车蓄电池

1. 物理电池

物理电池即飞轮电池,它突破了化学电池的极限,用物理方法实现储能。众所周知,当飞轮以一定角速度旋转时,它就具有一定的动能。飞轮电池正是以其动能转化为电能的,其飞轮用于储存电能,加上稳压模块后很像标准电池。图2.29为飞轮电池结构示意。

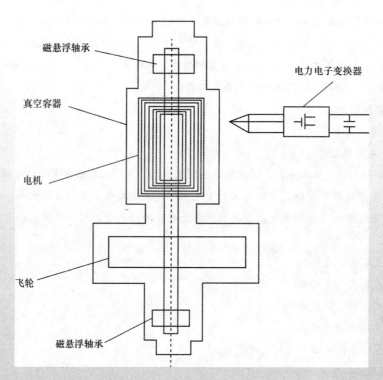

图2.29 飞轮电池结构示意图

飞轮储能电池的概念起源于20世纪70年代早期,最初只是想将其应用在电动汽车上,但限于当时的技术水平,并没有得到发展。直到20世纪90年代,由于磁悬浮轴承技术等一些高新技术的发展,这种电池显示出更加广阔的应用前景。

美国飞轮系统公司已用最新研制的飞轮电池成功地将一辆克莱斯勒LHS轿车改成电动轿车。

2. 铁锂电池

铁锂电池是以合成稳定的磷酸铁锂($LiFePO_4$)作为铁锂电池的正极材料,来制作能量密度大、体积小、质量轻、寿命长、无污染的新型化学电池。与普通蓄电池相比具有以下优点:

(1)高能高容量。目前市场上的铅酸蓄电池比功率只有60～135 W/kg,而铁锂电池可以达到1000 W/kg以上,放电电流是普通电池的3～10倍。特别适合电动汽车对大功率、大电流的需求。

(2)铁锂电池性价比高。

(3)铁锂电池输出电压高。单格标称电压3.2 V,充电电压3.6 V,放电终止电压2.0 V。

(4)原料丰富。使用地壳中最为丰富的铝和铁,降低了原料成本。

(5)安全性高。虽然铁锂电池是锂离子电池的一种,但它能大电流放电,工作温度范围宽,不燃烧不爆炸。因此许多公司称之为铁锂电池或铁电池,以区别普通锂电池。

目前我国比亚迪股份公司在电动车用铁锂电池应用方面已有成果问世。

3. 太阳能电池

20世纪80年代以来，美欧一些国家研发了多晶硅太阳能电池，其光电转换率约为16%，稍低于单晶硅太阳能电池。但是材料制作简便，总的生产成本较低，因此近些年来得到了大力发展，三洋电机公司开发的太阳能电池可实现22.8%的电池单元转换效率。图2.30为太阳能电池车顶的普锐斯轿车。

图2.30 太阳能电池车顶的普锐斯轿车

可以大胆预测，太阳能电池将是未来汽车的标准配置。

（三）42 V汽车电源系统

1. 概述

汽车电源的电压从20世纪50年代的6 V改为12 V，已有60多年的历史。自1990年开始，汽车用电量每年以5%～8%的比例增加。随着汽车技术的不断进步，越来越多的电器及电子系统被应用到汽车上。但是，目前汽车上的12 V电源系统最大只能提供2 kW的功率，已远不能适应现代汽车对用电量不断增长的需求。

20世纪90年代，汽车设计者提出的提高汽车电源电压的构想，很快得到了汽车研究机构、汽车制造商、汽车零部件制造商的一致认同，并制定了汽车电源42 V电压的相关标准。

2. 42 V汽车电气系统的优点

（1）42 V电压是安全、易得的。据国际标准，人体的安全电压是50 V以内，任何超过60 V电压的系统，在导线和连接处都要采取特殊的绝缘措施，这将增加系统的质量和成本。因此，选择42 V电压，既能在满足用电的同时，又可以像传统的12 V系统一样，即使触碰到电极或金属车体时也不会对人体安全造成威胁。另外，在目前12 V系统的过渡阶段也很方便，42 V为现在发电机输出电压14 V的3倍，其采用的36 V蓄电池可以用现用的12 V铅酸蓄电池串联改装组成。

（2）42 V电源系统能显著降低汽车线束成本。现代汽车平均拥有长达2 km的导线、2 000多个插接线头和350多个集线器。采用42 V电源系统后，则可以大大降低线束质量和成本。原理是传输同样功率的电能，42 V系统的电流只有14 V系统的1/3，这样就降低了发电机和电力元件的电流负荷，使线路和功率元件的传输损耗减少为原来的近1/9，这样就可以将线径选得小很多以降低质量。

（3）42 V电源能使大量汽车高新技术广泛应用。有了42 V电源，原先的一些由于用电量大而无法普及的技术都变得可行了。如电子加热式催化剂和电磁阀系统、电动四轮辅助驱动装置等都能够普及。使用42 V电源驱动发动机一些长期运转的附件如冷却风扇、空调压缩机等，可以减少空转消耗，提高能源利用率。表2.6例举了几种42 V系统新增电器及其功率。

表2.6 新增的42 V汽车电器统计表

负载名称	负载功率/W	使用频度/%	计算功率/W
催化器预热	3 000	2	60
高压燃油泵	500	100	500
冷却液泵	500	100	500
电动气门	2 400	33.3	800
电控助力转向	1 000	10	100
新增娱乐设施	600	50	300
进气加热装置	2 500	8	200
主动悬架	12 000	3	360
电磁制动	2 000	20	400
其他	4 000	20	80
总计			3 000

（4）42 V电源系统可大幅度提高发动机效率。目前汽车使用的硅整流发电机效率在60%以下。由于发电机输出电流大，电枢绕组的电流密度达10 A/mm² 以上，很多能量被励磁绕组、电枢绕组和整流元件消耗掉。所以，目前用的交流发电机功率大都只能做到2 kW以下。而42 V电源系统可在整个发动机转速范围内提供较高的电流输出，电机效率可达到80%以上，而且功率也可达到8 kW以上。如西门子VDO产品功率输出10～15 kW，效率可达85%。

（5）42 V电源系统有利于发展混合动力车。采用42 V电源后，使发动机电力辅助驱动技术成为可能，可以设计成启动发电集成装置（ISA），实现以下功能：

① 汽车起步时，在很短的时间内（通常为0.1～0.2 s）由电动装置将内燃机加速过怠速转速，然后内燃机点火，实现发动机无怠速工况。

② 汽车较长时间处于停车状态，如遇红灯时，控制系统会自动切断内燃机供油，内燃机停止运行。

③ 汽车正常行驶时，ISA工作在发电机工况，向电池充电。

④ 汽车加速或爬坡时，ISA工作在电动机工况，为发动机提供辅助推进动力。ISA使发动机工作在高效区，提高了效率，降低了燃油消耗。

（6）42 V电源系统已经具备一定的研究基础。早在20世纪90年代，德国便成立了车载电源论坛，成员有大众、奥迪、宝马、欧宝和保时捷等汽车公司，该机构提出了14 V/42 V双电压供电系统的规范草案。此后，世界各大汽车厂商都提出了具体的办法和相应的研究机构。目前，42 V电气系统结构已经得到了国际汽车工业界的认可，并已在一些车辆上采用，如沃尔沃公司的S80和福特公司的混合动力车Explorer。

3. 42 V系统的运行模式

在新的电气系统中，有两种实施方案：一种是全车42 V单一电压方案；另一种是42 V/14 V双电压方案。

（1）42 V单一电压运行模式。典型的42 V电气系统单一电压方案如图2.31所示。这种方案对目前的汽车零部件制造商会造成很大冲击，推广起来有一定困难。

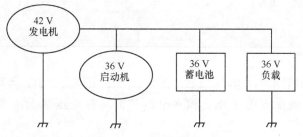

图 2.31 42 V 单电压运行模式

(2) 42 V/14 V 双电压模式。由于目前 42 V 电源供电的推广对汽车零部件制造商的技术改造成本大、范围广，因此，作为过渡阶段的 42 V/14 V 双电压系统的方案，正被广大厂商所关注。图 2.32 所示为一种典型的双电压供电系统，该系统需要有一个 DC/DC（直流－直流变换）转换器将 42 V 电压转换成 14 V 电压。因而需要两个蓄电池（12 V 和 36 V），只有当大量的部件都适应 42 V 车用电源时，才能大批量生产纯 42 V 的车用电源。

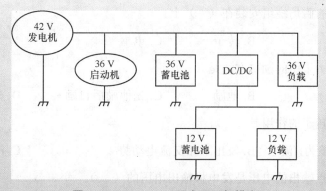

图 2.32 42 V/14 V 双电压运行模式

双电压运行模式将汽车电器和电控装置根据耗电量的大小分为两组，传统的中小功率用电器为一组，如灯具、仪表、电动雨刮器等采用 14 V 电源供电；而一些大功率的用电器如加热器、电动悬架、四轮辅助驱动等直接采用 42 V 供电。交流发电机经整流调压后得到 42 V 电压供给高功率负载并对 36 V 蓄电池充电，42 V 电压再经 DC/DC 变换器之后为 14 V 电气系统供电。

作为过渡阶段，对 42 V/14 V 双电压系统的研究将会是汽车界最近时期的一个研发热点。

课后练习

一、填空题

1．汽车电源系统主要由_____、_____和_____几部分组成。

2．汽车蓄电池容量常用的表示方法有_____和_____两种。

3．发动机、蓄电池和用电负载是以_____方式工作的。

4．免维护蓄电池顶部设计有_____，用于观测蓄电池_____。

课后练习

5. 汽车蓄电池常用的充电方法有_____、_____和_____三种。
6. 如果用万用表测量蓄电池外壳和蓄电池负极间有电压显示，说明该蓄电池一定有_____现象。
7. 点火开关关闭后仍然在供电的负载是_____。
8. 对比蓄电池的三种充电方法，对蓄电池使用寿命影响较小的方法是_____。
9. 拆卸蓄电池前需要预知音响密码的目的是_____。
10. 普通交流发电机由_____、_____、_____、_____、_____、_____、_____和_____等组成。

二、选择题

1. 交流发电机的磁场绕组安装在（　　）上。
　　A．定子　　　　B．转子　　　　C．电枢
2. 交流发电机所采用的励磁方法是（　　）。
　　A．自励　　　　B．他励　　　　C．先他励后自励　　　　D．先自励后他励
3. 交流发电机转子的作用是（　　）。
　　A．将交流电变为直流电　　B．发出三相交流电动势　　　　C．产生磁场
4. 发电机中性点输出的电压是发电机输出电压的（　　）。
　　A．1/4　　　　B．1/3　　　　C．1/2
5. 发电机调节器是通过调整（　　）来调节发电机输出电压的。
　　A．发电机的转速　　　　B．发电机的励磁电流　　　　C．发电机的输出电压

三、简答题

1. 为什么说 42 V 电源系统是将来汽车电气系统的发展方向？
2. 为什么 42 V 单电源方案对目前的汽车零部件制造商会造成很大冲击？
3. 简述 42 V/14 V 双电压方案的设计思路。

模块 3

汽车启动系统

【知识目标】

1. 能够说出启动系统的作用及常用的启动方式；
2. 能够说出启动转速、启动转矩、启动功率及启动极限温度的含义；
3. 能够说出启动系统的组成及各部分的作用；
4. 能够说出启动机的组成、型号、结构、各部分的作用和工作原理；
5. 能够说出启动机传动机构分类、结构及工作过程；
5. 能够说出启动机控制机构的组成及各部分的作用；
6. 能够分析启动系统控制电路的工作过程；
7. 能够对启动系统常见故障进行诊断和排除；
8. 能够正确拆装启动机；
9. 能够对启动机的相关部件进行检测。

【技能目标】

1. 能对启动机合理地拆检；
2. 能完成启动系统的电路连接；
3. 能对启动系统进行故障诊断与排除。

【课时计划】

任务类别	任务内容	参考课时		
		理论课时	实训课时	合　计
任务 3.1	启动系统概述	1	0	1
任务 3.2	启动机的结构作用	1	1	2
任务 3.3	启动机各部分的结构及工作原理	4	4	8
任务 3.4	启动控制电路	4	4	8
任务 3.5	启动系统的故障诊断	3	4	7
	共计：26 课时			

> **情境导入**
>
> 李先生是新手，在二手车市场买了一辆二手 QQ 车练车技。一天他开车在路上，起步时熄火了，他怎么做都打不着火，只好打机修电话。师傅来了告诉他是启动系统的问题，需要进一步检查。为了正确地解决汽车启动故障，作为汽车维修人员必须全面认识启动系统的结构、工作原理及故障诊断排除。

任务驱动

任务 3.1　启动系统概述

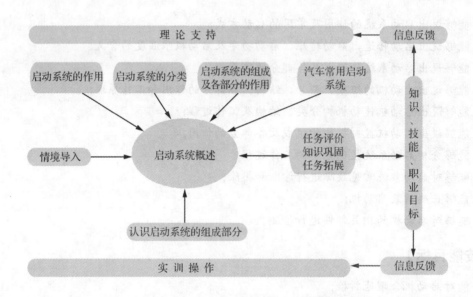

实训指导

实训 1　认识启动系统的组成

【实训准备】

1. 将设备与器材分放于六个工作台上。
2. 将"任务工作单"和"任务评价表"分发给每位学生。

基础知识

3.1.1　启动系统的作用

发动机由静止状态过渡到能自行稳定运转状态的过程，称为发动机的启动。发动机的启动方式主要有人力启动、辅助汽油机启动和电力启动（又称启动机启动）三种。目前大部分汽车都采用电力启动系统，简称启动系。

3.1.2　影响发动机启动的因素

发动机要迅速可靠启动必须达到相应的启动转矩、最低启动转速、启动功率及启动极限温度。

（1）启动转矩是指曲轴在外力作用下开始转动到发动机正常运转，克服摩擦阻力、压缩阻力、惯性阻力所需的力矩称为启动转矩。

【实训目的】

让学生认识启动系统的组成。

【实训步骤】

1．让学生按要求观察放在桌上的启动电路，并将相关结果记录于"任务工作单"。

（1）观察启动机的外形、接线。

（2）观察蓄电池的外形、接线。

（3）观察电磁控制部分的外形接线。

2．小组内检查完成情况。

3．请同学回答，并相互纠正。

4．回收工具，整理、清洁工作场所，认真执行6S管理。

【技术提示】

注意安全，规范操作。

（2）最低启动转速是指在一定温度下，发动机能够启动的最低曲轴转速。汽油机为 50～70 r/min，柴油机为 100～200 r/min。

（3）启动功率是指启动机能够让发动机启动所具有的功率。

（4）启动极限温度是指启动的最低温度，当环境温度低于启动极限温度时，应采取启动辅助措施，如加大蓄电池容量、进气加热、电喷车低温补偿等。

3.1.3 汽车用启动机的要求

（1）启动时，启动机驱动齿轮与飞轮齿圈啮合应无冲击，柔和啮合。

（2）启动过程中，启动机工作平顺，启动后驱动齿轮打滑，并能及时退出啮合。

（3）发动机启动后，驱动齿轮不应再次进入啮合以防损坏。

（4）启动机结构紧凑，质量轻，工作可靠。

3.1.4 启动系统的组成及各部分的作用

电力启动系统由蓄电池、启动机和启动控制电路三部分组成，如图 3.1 所示。其中蓄电池是给启动机提供电能；启动机在点火开关或启动按钮控制下，将蓄电池的电能转化为机械能，通过飞轮齿圈带动发动机曲轴转动。为了增大力矩，便于启动，启动机与曲轴的传动比：汽油机一般为 13～17，柴油机一般为 8～10。控制电路是用来控制启动机的工作。

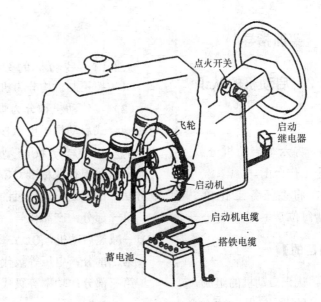

图 3.1 启动系统的组成

任务 3.2 启动机的结构作用

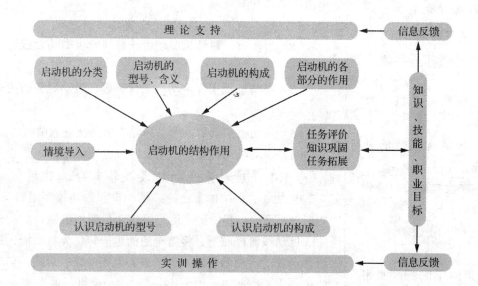

实训指导

实训 2 启动机的认识

【实训准备】

1. 将六个启动机分放于六个工作台上。
2. 将"任务工作单"分发给每位学生。

【实训目的】

1. 认识启动机的组成。
2. 能够说出型号的含义。
3. 能够说出各部分的作用。

【实训步骤】

1. 让学生观察放在桌上的启动机，并填写"任务

基础知识

3.2.1 启动机的分类

（1）按控制机构分为机械控制式和电磁控制式。

（2）按传动机构分为惯性啮合式启动机、强制啮合式启动机、电磁啮合式启动机、电枢移动式启动机和减速启动机。

3.2.2 启动机的型号

根据我国行业标准 QC/T 73—1993《汽车电气设备产品型号编制方法》的规定，启动机的型号包括五部分。

第一部分：产品代号。启动机的产品代号有 QD—常规启动机，QDJ—减速启动机，QDY—永磁启动机（包括永磁减速启动机）。

第二部分：电压等级代号。1—12 V；2—24 V；6—6 V。

第三部分：功率等级代号。其含义见表 3.1。

表 3.1 功率等级代号

代 号	1	2	3	4	5	6	7	8	9
功率/kW	~1	1~2	2~3	3~4	4~5	5~6	6~7	7~8	>8

第四部分：设计序号。可以是数字，也可以是字母。

第五部分：变形代号。

例如：QD125 和 QD12E 有相同的含义，表示额定电压 12 V，工作单"。

2．观察启动机。

（1）观察启动机的型号并说出意义。

（2）找出并观察启动机的组成部分，小组内讨论并填写"任务工作单"。

3．请同学回答，并相互纠正。

4．回收工具，整理、清洁工作场所，认真执行6S管理。

"任务工作单"和"任务评价表"见附录。

【技术提示】

规范操作，注意安全。

功率为 1～2 kW，第五次设计的普通启动机。

3.2.3 启动机的组成及各部分的作用

常规启动机一般由直流串励式电动机、传动机构和控制装置三个部分组成，如图3.2所示。直流电动机将电能转换为机械能，产生电磁转矩。传动机构是利用驱动齿轮啮入发动机飞轮齿圈，将直流电动机的电磁转矩传给曲轴，并及时切断曲轴与电动机之间的动力传递，防止曲轴反转。控制结构是接通或切断启动机与蓄电池之间的主电路，并使驱动小齿轮进入或退出啮合，有些启动机的控制机构还有副开关，能在启动时将点火线圈的附加电阻短路，增大启动时的点火能量。

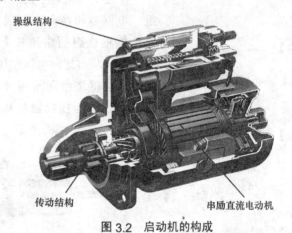

图 3.2 启动机的构成

任务 3.3 启动机各部分的结构及工作原理

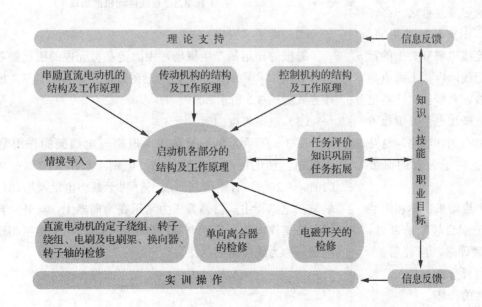

实训指导

实训3　启动机的拆装

【实训准备】

1．将六套启动机、手动工具、万用表等放于六个工作台。

2．将"任务工作单"和"任务评价表"分发给每位学生。

【实训目的】

学生能够正确拆装启动机。

【实训步骤】

1．让学生先填写"任务工作单"和"任务评价表"的部分内容。

2．让学生拆装启动机。

启动机拆装过程中应注意以下事项：

（1）从车上拆卸启动机前，应先关闭点火开关，将蓄电池的搭铁线拆除，再拆除电磁开关上的蓄电池正极线。尤其是计算机控制发动机的车辆更要注意这一点。

（2）在安装启动机时，则应先连接电磁开关上的蓄电池正极线，再接上蓄电池的正极线、负极线。接蓄电池正、负极线之前要确保点火开关处在关闭状态，这是保护车上电子装置的必要措施。

（3）启动机解体和组装时，对于配合较紧的部件，严禁生砸硬敲，应使用拉、压工具进行分离与装入，以防止部件的损坏。

基础知识

3.3.1　串励直流电动机的工作原理及结构

1．串励直流电动机的工作原理

直流电动机是根据磁场对电流的作用原理制成的。它将蓄电池输入的电能转换为机械能，产生电磁转矩。

2．串励直流电动机的结构

直流电动机由转子（电枢）、定子（磁极）、换向器、电刷及端盖等主要部件构成。

（1）转子（电枢）

直流电动机转子的作用是产生电磁转矩，转子由铁芯、电枢绕组、电枢轴和换向器组成，如图3.3所示。为了获得足够的转矩，通过电枢绕组的电流较大（汽油机为200～600 A；柴油机可达1 000 A），因此，电枢绕组采用较粗的矩形裸铜漆包线绕制为成型绕组。电枢绕组通常用波绕法，两端焊在换向片上，与每一绕组两端相连接的换向器片相隔90°，这种绕法电阻较低，有利于提高转矩。

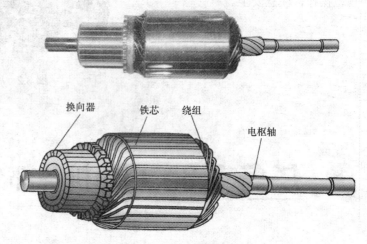

图3.3　直流电动机的组成

（2）定子（磁极）

磁极的作用是产生磁场，由固定在机壳内的磁极铁芯和磁场绕组线圈组成。励磁绕组由四个励磁线圈组成，如图3.4所示。其连接方式如图3.5所示。

（3）电刷与电刷架

图3.6所示为电刷架总成，电刷与电刷架的作用是将电流引入电枢，使电枢产生连续转动。电刷一般用（80%～90%）铜和（10%～20%）石墨压制而成，有利于减小电阻及增加耐磨性。电刷装在电刷架中，借弹簧压力紧压在换向器上。与外壳直接相连构成电路搭铁，称为搭铁电刷；与励磁绕组和电枢绕组相连，与外壳绝缘，称为绝缘电刷。

（4）清洗启动机部件时，启动机电枢、励磁绕组和电磁开关总成只能用拧干汽油的棉纱进行擦拭，或用压缩空气吹净，以防止由于液体不干而造成短路或失火。其他部件均可用液体清洗剂。

（5）启动机组装后，先进行其测量调整后再进行试验台上的运转试验。做启动机运转试验时，要先进行空载试验，再进行全制动试验（24 V 启动机一般提倡先做 12 V 空载试验，再做 24 V 空载试验），以防止因意外故障引起过载而烧坏实验设备或启动机本身。

启动机的拆装步骤：

（1）从电磁开关接线柱上拆开启动电机与电磁开关之间的连接导线。

（2）松开电磁开关总成的两个固定螺母。取下电磁开关总成，如实训图 3.1 所示。

（注意：在取出电磁开关总成时，应将其头部①向上抬，使柱塞铁芯端头的扁方②与拨杆脱开后取出。）

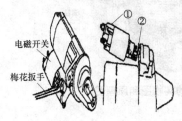

实训图 3.1

（3）拆下换向器的两个螺栓，取下换向端盖，如实训图 3.2 所示。

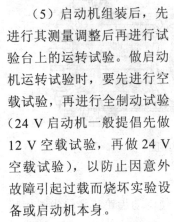

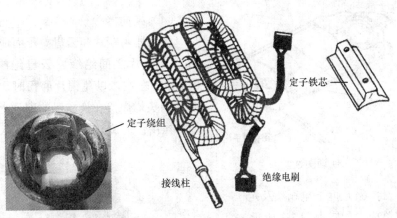

图 3.4　定子的组成

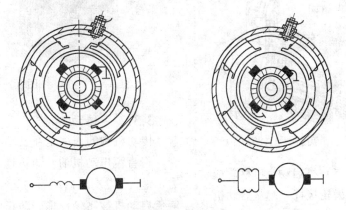

图 3.5　励磁绕组的连接方式

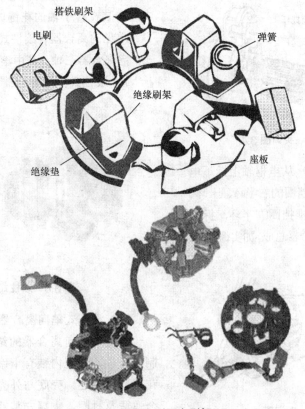

图 3.6　电刷及电刷架

（4）换向器

换向器由铜片和云母叠压而成，压装在电枢轴的前端，如图3.7所示。铜片之间绝缘。云母绝缘层应比换向器铜片外表面凹下0.8 mm左右，以免铜片磨损时，云母片很快突出。电枢绕组各线圈的端头均焊接在换向器的铜片上。

作用：向旋转的电枢绕组注入电流。

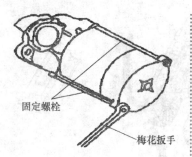

实训图3.2

（4）拆下电刷架及定子总成，如实训图3.3所示。

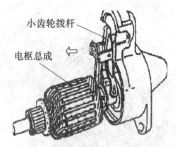

实训图3.3

（5）将启动机电枢总成及小齿轮拨杆一起从启动机机壳上拉出来，如实训图3.4所示。

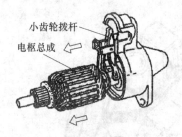

实训图3.4

（6）从电枢轴上拆下电枢止推挡圈的右半环、卡环、电枢止推挡圈左半环，拆下超速离合器总成，如实训图3.5所示。

图3.7 换向器外形图

3.3.2 传动机构

传动机构的作用是在发动机启动时使驱动齿轮与飞轮齿圈相啮合，将直流电动机的转矩传递给发动机曲轴；启动后，自动切断动力传递，在发动机启动后与飞轮啮合的齿轮没有及时回位的情况下，避免启动机被飞轮反拖。防止电动机被发动机带动超速运转而遭到损坏。

传动机构由驱动齿轮、单向离合器、拨叉、啮合弹簧等部分组成，安装在转子轴的花键内。

常见的离合器有滚柱式单向离合器、摩擦片式单向离合器和弹簧式单向离合器三种。其中滚柱式单向离合器是小型汽车上最常用的。

1. 滚柱式单向离合器（图3.8）

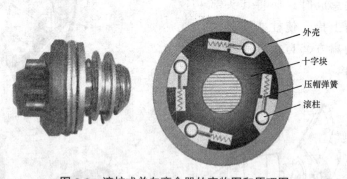

图3.8 滚柱式单向离合器的实物图和原理图

（1）滚柱式单向离合器的结构

滚柱式单向离合器的结构如图3.9所示，它的驱动齿轮与外壳制成一体，外壳内装有十字块和四套滚柱、压帽和弹簧。十字块与花键套筒相连，壳底与外壳相互扣合密封。花键套筒的外面装有啮合弹簧及衬圈，末端安装着拨环与卡圈。整个离合器总成套装在电

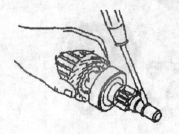

实训图3.5

启动机的组装程序与分解相反,但要注意:在组装启动机前,应将启动机的轴承和滑动部位涂以润滑脂。

3.回收工具,整理、清洁工作场所,认真执行6S管理。

【技术提示】

注意拆装的顺序和工具使用。

实训4 直流电动机部件的检修

【实训准备】

1.将六套拆开的启动机、手动工具、万用表等放于六个工作台。

2.将"任务工作单"和"任务评价表"分发给每位学生。

【实训目的】

学生能够正确检测直流电动机的部件。

【实训步骤】

1.让学生先填写"任务工作单"和"任务评价表"的部分内容。

2.定子绕组的检测。

磁场绕组的常见故障有接头脱焊、绕组短路、断路或搭铁等。

(1)短路故障的检查:

首先观察绕组导线表面是否有烧煳的现象或气味,若有,则证明有短路的征兆,可将蓄电池2V电压进行通电,试验各磁极的电磁吸力的大小和均匀程度,以证明其是否有短路故障,如

动机轴的花键部位上,可做轴向移动和随轴转动。在外壳与十字块之间,形成四个宽窄不等的楔形槽,槽内分别装有一套滚柱、压帽及弹簧。滚柱的直径略大于楔形槽窄端,略小于楔形槽的宽端。

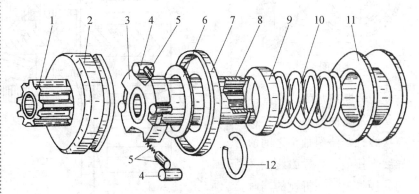

图3.9 滚柱式单向离合器的结构
1—驱动齿轮;2—外壳;3—十字块;4—滚柱;5—压帽弹簧;
6—垫圈;7—护盖;8—花键套筒;9—弹簧座;
10—啮合弹簧;11—拨环;12—卡簧

(2)工作过程

受力分析如图3.10所示,当启动机电枢旋转时,转矩经套筒带动十字块旋转,滚柱滚入楔形槽窄端,将十字块与外壳卡紧,使十字块与外壳之间能传递力矩;发动机启动以后,飞轮齿圈会带动驱动齿轮旋转,当转速超过电枢转速时,滚柱滚入宽端打滑,这样发动机的力矩就不会传递至启动机,起到保护启动机的作用。

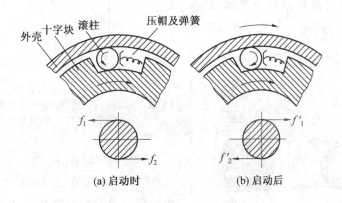

图3.10 滚柱的受力及作用示意图

2.摩擦片式单向离合器

摩擦片式单向离合器是利用分别与两个零件关联的主动摩擦片和被动摩擦片之间的接触和分离,通过摩擦片实现扭矩传递和打滑的,如图3.11所示。

3.弹簧式单向离合器

弹簧式单向离合器是利用与两个零件关联的扭力弹簧的粗

实训图3.6所示。

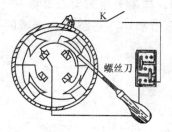

实训图3.6

（2）断路故障的检查：

最常见的断路点是在机壳接线柱与绕组抽头之间的导线焊接处、各励磁线圈之间的接线处，在拆检的同时应注意观察。也可用万用表的低电阻挡进行测量，其测试棒分别测量机壳接线柱与两个绕组电刷之间的通断情况。若电阻值是零，证明绕组没有断路；若有一定电阻值或是无穷大，则说明绕组中有断路之处。

（3）定子绕组绝缘性能的检查：

用220 V交流试灯、万用表的高电阻挡或兆欧摇表进行测量，如实训图3.7所示。

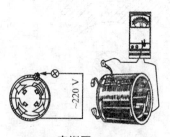

实训图3.7

两试棒分别接触机壳接线柱与一个定子电刷（另一只电刷不要碰机壳），若试灯亮或万用表显示导通，就说明该励磁绕组有搭铁故障，其绝缘性能不良；若试

细变化，通过扭力弹簧实现扭矩传递和打滑的，如图3.12所示。

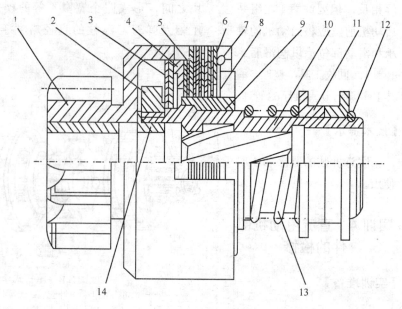

图3.11 摩擦片式单向离合器
1—外接合鼓；2—螺母；3—弹性圈；4—压环；5—调整垫圈；6—被动摩擦片；
7、12—卡环；8—主动摩擦片；9—内接合鼓；10—花键套筒；
11—移动衬套；13—缓冲弹簧；14—挡圈

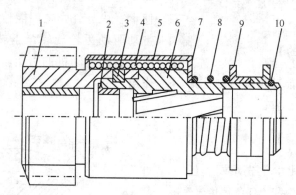

图3.12 弹簧式单向离合器
1—驱动齿轮；2—挡圈；3—月形键；4—扭力弹簧；5—护套；6—花键套筒；
7—垫圈；8—缓冲弹簧；9—移动衬套；10—卡簧

3.3.3 控制机构

电磁控制装置在启动机上称为电磁开关。它的作用是控制驱动齿轮与飞轮齿圈的啮合与分离，并控制电动机电路的接通与切断。在现代汽车上，启动机均采用电磁式控制电路，电磁式控制装置是利用电磁开关的电磁力操纵拨叉，使驱动齿轮与飞轮啮合或分离。其外形如图3.13所示。

1．电磁开关的组成

图3.14所示为电磁开关结构图，它主要由吸引线圈、保持线圈、回位弹簧、活动铁芯、接触片等组成。其中，端子50接点火开关，通过点火开关再接电源；端子30直接接蓄电池。

灯不亮或万用表显示电阻无穷大，则证明该励磁绕组无搭铁故障，其绝缘性能良好。

3. 电枢总成的检测。

电枢绕组常见的故障是匝间短路、断路或搭铁、绕组接头与换向器铜片脱焊等。

（1）断路故障的检查：

首先查看线圈端头与环向片的焊接状况，若有脱焊的痕迹，即可断定此处断路。

断路检查还可在万能试验台上的电枢感应仪上进行，如实训图3.8所示。将待试电枢放在感应仪上，接通开关，指示灯发亮。将两测试棒接触两相邻换向片，在换向器上移动试棒，直到能够测得电流表指示较大电流值时，固定试棒位置，慢慢转动电枢，使所有换向片均依次经过此位置。同时观察各相邻换向片对应的电流表读数，若读数均相等，证明该相邻换向片间绕组有断路之处。

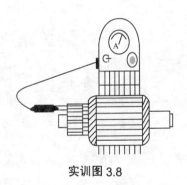

实训图3.8

（2）匝间短路故障的检查：

短路检查可在电枢感应仪上进行，如实训图3.9所示。将待试工件放在电枢感应仪上，接通开关，指示灯发亮。将钢片放于转子绕

图3.13 电磁开关的外形图

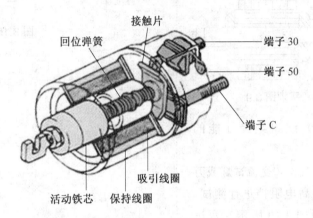

图3.14 电磁开关结构图

2. 电磁开关的工作过程

电磁开关的工作过程要结合电路进行分析。主要的工作过程如图3.15所示。当启动电路接通后，保持线圈的电流经启动机"50端子"进入，经线圈后直接搭铁，吸引线圈的电流也经启动机"50端子"进入，但通过线圈后未直接搭铁，而是进入电动机的励磁线圈和电枢后再搭铁。两线圈通电后产生较强的电磁力，克服回位弹簧弹力使活动铁芯移动，一方面通过拨叉带动驱动齿轮移向飞轮齿圈并与之啮合，另一方面推动接触片移向"30端子"和C的触点，在驱动齿轮与飞轮齿圈进入啮合后，接触片将两个主触点接通，使电动机通电运转。在驱动齿轮进入啮合之前，由于经过吸引线圈的电流经过了电动机，所以电动机在这个电流的作用下会产生缓慢旋转，以便于驱动齿轮与飞轮齿圈进入啮合。在两个主接线柱触点接通之后，蓄电池的电流直接通过主触点和接触片进入电动机，在两个主接线柱触点接通蓄电池的电流直接通过主触点和接触片进入电动机，使电动机进入正常运转，此时通过吸引线圈的电路被短路，因此，吸引线圈中无电流通过，主触点接通的位置靠保持线圈来保持。发动机启动后，切断启动电路，保持线圈断电，在弹簧的作用下，活动铁芯回位，切断了电动机的电路，同时也使驱动齿轮与飞轮齿圈脱离啮合。

组顶部的槽上。慢慢转动转子，使钢片越过所有槽顶。若某槽顶时钢片发生电磁振动，说明该处绕组有匝间短路故障；若无以上现象，则证明该电枢绕组无匝间短路故障。

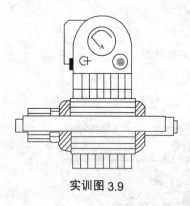

实训图 3.9

（3）绕组绝缘性能的检查：

用 220 V 交流试灯或万用表的高电阻挡进行测试，如实训图 3.10 所示。两试棒分别接触换向片和电枢轴，若试灯亮或万用表显示导通，就说明该电枢绕组有搭铁故障，其绝缘性能不良；若试灯不亮或万用表显示电阻无穷大，则证明该电枢绕组绝缘性能良好。

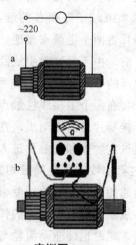

实训图 3.10

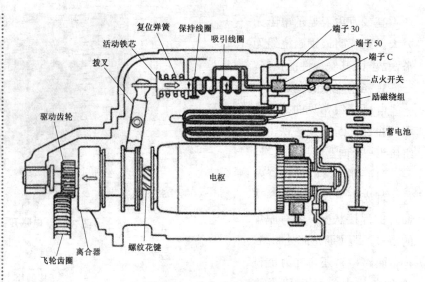

图 3.15　启动系统控制电路

4．换向器的检查。

换向器故障多为表面烧蚀、云母片突出等。轻微烧蚀用"00"号砂纸打磨即可。严重烧蚀的换向器应进行加工，但加工后换向器铜片厚度不得小于 2 mm。换向器最小直径的检测如实训图 3.11 所示，若测得的直径小于最小值，应更换电枢；绝缘片的检查方法如实训图 3.11 所示，换向片应洁净无异物，绝缘片的深度为 0.5～0.8 mm，最大深度为 0.2 mm，太高应使用锉刀进行修整。

5．电刷、电刷架及电刷弹簧的检查。

电刷的检测如实训图 3.12 所示，电刷高度应不低于标准高度的 2/3，接触面积应不少于 75%，电刷在电刷架内无卡滞现象，否则需进行修磨或更换。

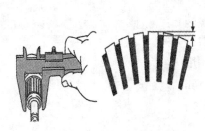

实训图 3.11　换向器的检查　　　实训 图 3.12

电刷架的检测如实训图 3.13 所示，用万用表或试灯可检查绝缘电刷架的绝缘性，正电刷"A"和负电刷"B"之间不应导通，若导通，应进行电刷架总成的更换。

电刷弹簧的检测如实训图 3.14 所示，用弹簧秤检测电刷弹簧的张力，不同型号启动机的弹簧张力是不同的，若测得的张力不在规定范围之内，应更换电刷弹簧。

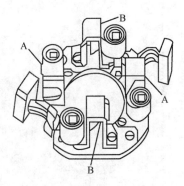 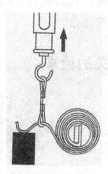

实训图 3.13　　　　　实训图 3.14

6．将相关数据填写在"任务工作单"上。

7．回收工具，整理、清洁工作场所，认真执行 6S 管理。

"任务工作单"和"任务评价表"见附录。

【技术提示】

注意万用表、弹簧秤的正确使用。

实训 5　单向离合器的检修

【实训准备】

1. 将六套单向离合器、扭力扳手等放于六个工作台。
2. 将"任务工作单"和"任务评价表"分发给每位学生。

【实训目的】

能够根据离合器常见的打滑故障进行检修。

【实训步骤】

1. 让学生先填写"任务工作单"和"任务评价表"的部分内容。
2. 离合器的检测。

单向离合器总成常见故障为驱动齿轮磨损和离合器打滑。驱动齿轮齿长磨损不得超过其原尺寸 1/4，否则，应更换；单向离合器打滑的检查方法如实训图 3.15 所示，在驱动齿轮上安装专用套筒，用台钳夹住离合器齿轮，用扭力扳手检查其正向扭矩，应大于 30 N·m 而不打滑，否则应更换。

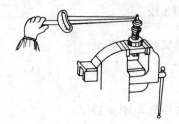

实训图 3.15

3. 学生分别进行检测，将相关数据填写在"任务工作单"上。
4. 回收工具，整理、清洁工作场所，认真执行 6S 管理。

"任务工作单"和"任务评价表"见附录。

实训 6　电磁开关的检修

【实训准备】

工作台、电磁开关、万用表、手动工具、锉刀、砂纸、任务工作单、任务评价表等。

【实训目的】

学生能够针对电磁开关常见故障进行检修。

【实训步骤】

1. 让学生先填写"任务工作单"和"任务评价表"的部分内容。
2. 接触片检测：解体检测。

电磁开关接触片的接触状况，用手推动活动铁芯，使接触盘与两接线柱接触,然后将表笔两端置于端子 30 与端子 C,应导通,且正常情况下电阻的阻值应为 0 Ω。

若接触片不导通,则应解体直观检测电磁开关的触点和接触盘是否良好,烧蚀较轻的可用砂布打磨后使用,烧蚀较重的应进行翻面或更换,如实训图 3.16 所示。

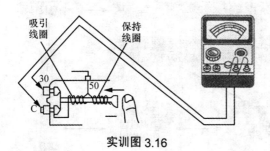

实训图 3.16

3．检测电磁开关吸引线圈和保持线圈。

（1）吸引线圈开路检测：解体检测吸引线圈开路如实训图 3.17 所示,用万用表的电阻挡连接端子 50 和端子 C,应导通,并且电阻的阻值在标准范围内,否则吸引线圈可能出现开路故障。也可以进行不解体检测。

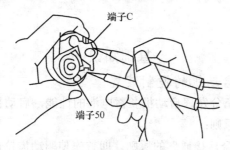

实训图 3.17

（2）保持线圈开路检测：解体检测保持线圈开路可如实训图 3.18 所示,用欧姆表连接端子 50 和搭铁,应导通,并且电阻的阻值在标准范围内,否则保持线圈可能出现开路故障或线圈搭铁不良。

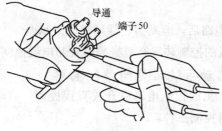

实训图 3.18

4．将检查结果填入任务单的表格中。

5．回收工具,整理、清洁工作场所,认真执行 6S 管理。

"任务工作单"和"任务评价表"见附录。

【技术提示】

注意万用表的正确使用。

任务 3.4　启动控制电路

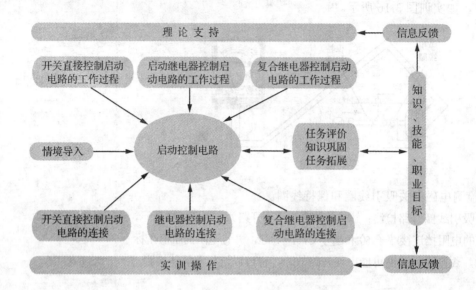

实训指导

实训 7　开关直接控制启动电路的连接

【实训准备】

工作台、启动机、连接线、蓄电池、启动开关、电磁开关（六套）、手动工具、任务工作单、任务评价表等。

【实训目的】

学生会根据原理图画出接线图，然后正确连接启动电路。

【实训步骤】

1. 让学生检查桌上的实训器材，并填写"任务工作单"和"任务评价表"。

2. 小组讨论画出接线图，然后根据实训图 3.19 连接电路。

基础知识

3.4.1　启动机的控制装置

（1）为了充分发挥启动机和蓄电池的性能，启动机控制装置应遵循如下基本原则：

①"先啮合后接通"的原则。即首先使驱动齿轮进入啮合，然后使主开关接通，以免驱动齿轮在高速旋转过程中进行啮合，引起打齿并且啮合困难。

②"高启动转速"原则。即启动机控制装置应尽量减少甚至不消耗蓄电池电能，以便使蓄电池的电能尽可能多地用于启动电机，提高启动转速。

③切断主电路后，驱动齿轮能迅速脱离啮合。

（2）启动机的控制装置有机械控制式和电磁控制式两种。

3.4.2　启动系统常见的控制电路

启动系统常见的控制电路有开关直接控制、启动继电器控制、启动复合继电器控制三种。

1. 开关直接控制启动电路

开关直接控制是指启动机由点火开关或启动按钮直接控制，许多柴油车和部分启动机功率较小的汽油车如桑塔纳轿车、奥迪100型轿车等都采用这种启动系统。其原理如图 3.16 所示。

工作过程：点火开关接至启动挡时，吸引线圈与保持线圈产生的磁场方向相同，在两线圈电磁吸力的作用下，活动铁芯克服回位弹簧的弹力而被吸入。拨叉将启动机的驱动齿轮推出使其与飞轮齿圈啮合。齿轮啮合后，接触盘将端子"C"与端子"30"接通，蓄电池便向励

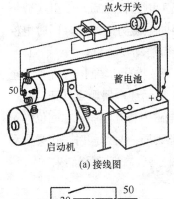

(a) 接线图

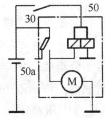

(b) 电原理图

实训图 3.19

3. 连接完成后教师检查无误即可启动试验。

4. 完成"任务工作单"，请同学回答相关问题，并相互纠正。

5. 回收工具，整理、清洁工作场所，认真执行 6S 管理。

"任务工作单"和"任务评价表"见附录。

【技术提示】

1. 连接时接线一定要牢固。

2. 学生连接完成后，一定要经过教师的检查才能够启动。

实训 8 继电器控制启动电路的连接

【实训准备】

实训台、启动机、连接线、继电器、点火开关、蓄电池手动工具、电磁开关、

磁绕组和电枢绕组供电，产生正常的转矩，带动启动机转动。与此同时，吸引线圈被短路，齿轮的啮合位置由保持线圈的吸力来保持。

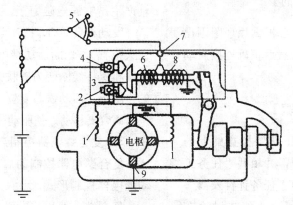

图 3.16 开关直接控制的启动电路

1—励磁线圈；2—"C"端子；3—旁通接柱；4—"30"端子；
5—点火开关；6—吸引线圈；7—"50"端子；8—保持线圈

启动结束后，松开点火开关，此时，由于磁滞后与机械的滞后性，活动铁芯不能立即复位，端子"C"与端子"30"仍保持接通状态，由于保持线圈与吸引线圈中电流方向相反，两个线圈中磁场相互抵消，在复位弹簧的作用下，活动铁芯复位，驱动齿轮在拨叉的作用下退出啮合，端子"30"与端子"C"随之断开，电动机停转。启动机完成一次启动过程。

2. 启动继电器控制启动电路

启动继电器控制的启动电路是指启动机由钥匙开关通过启动继电器进行控制，启动系统比开关直接控制的启动电路增加了启动继电器，减小了启动时钥匙开关的电流，有利于延长钥匙开关的使用寿命，因此这种启动系统应用广泛。

启动继电器控制的汽车启动系统典型线路如图 3.17 所示。启动继电器由一对常开触点、一个线圈和四个接线柱等组成。

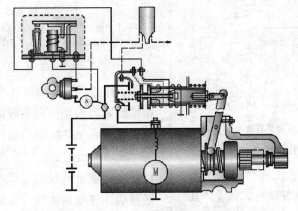

图 3.17 启动继电器控制的启动电路

启动时，将点火开关置于启动位置，启动继电器的线圈通电，启动继电器的线圈通电后产生的电磁吸力使触点闭合，蓄电池经过启动继电器触点为启动机电磁开关线圈供电流，电磁开关线圈产生

任务工作单、评价表等。

【实训目的】

学生会根据原理图画出接线图，然后正确连接启动电路。

【实训步骤】

1．让学生检查桌上的实训器材，并填写"任务工作单"和"任务评价表"。

2．每个小组先讨论在任务工作单上画出连接图，对照课本的接线图进行修改。

3．学生根据接线实训图3.20进行电路连接。

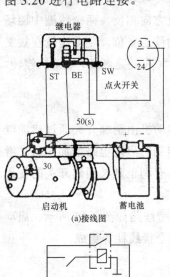

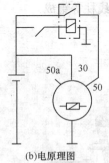

实训图3.20

4．学生连接完成电路后教师检查试机。完成"任务工作单"，请同学回答相关问题，并相互纠正。

5．回收工具，整理、清洁工作场所，认真执行

电磁吸力，启动机主电路接通，启动机主电路接通后，吸引线圈被短接，电磁开关的工作位置靠保持线圈的电磁力来维持，同时电枢轴产生足够的电磁力矩，带动曲轴旋转而启动发动机。

发动机启动后，松开点火开关，点火开关将自动转回一个角度（至点火位置），切断启动继电器线圈电流，启动继电器触点打开，吸引线圈和保持线圈变为串联关系，产生的电磁力相互削弱。在回位弹簧的作用下，活动铁芯复位，启动机主电路切断；与此同时，拨叉带动单向离合器移动，使驱动齿轮与飞轮齿圈分离，启动过程结束。

3．复合继电器控制启动电路

复合继电器控制的启动电路实质是一种具有启动保护功能的启动继电器控制形式。

复合继电器由启动继电器和保护继电器两部分组成，保护继电器有一对受交流发电机中性点电压控制的常闭触点，该触点串联在启动继电器线圈的电路中。当交流发电机中性点电压高于一定值时，保护继电器触点打开切断启动继电器线圈电路，保护启动机。复合继电器控制的启动电路如图3.18所示。

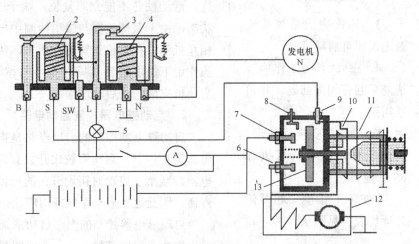

图3.18　复合继电器控制的启动电路

1—启动继电器常开触点；2—启动继电器线圈；
3—保护继电器常闭触点；4—保护继电器线圈；5—充电指示灯；
6—"C"端子；7—"30"端子；8—附加继电器保护开关接线柱；
9—"50"端子；10—吸引线圈；11—保持线圈；12—直流电动机

工作过程：启动时，将点火开关置于启动位置，复合继电器的常闭触点将启动继电器线圈电路接通，启动继电器触点闭合，接通吸引线圈和保持线圈的电路，启动机开始工作。

发动机启动后，松开点火开关，点火开关将自动退出启动位置，切断启动继电器线圈电流，启动机主电路切断，拨叉带动单向离合器移动，使驱动齿轮与飞轮齿圈分离，继电器的触点打开，电磁开关的线圈断电，启动机停止工作。

如果发动机启动后，点火开关仍处于启动挡，这时因为发动机处于正常运转，交流发电机中性点电压升高，发电机中性点电压加在保护继电器的线圈上，保护继电器线圈产生的电磁吸力使其常闭触点打

6S 管理。

"任务工作单"和"任务评价表"见附录。

实训 9　复合继电器控制启动电路的连接

【实训准备】

实训台、连接线、手动工具、蓄电池、点火开关、启动继电器、保护继电器启动机、电磁开关、任务工作单、任务评价表等。

【实训目的】

学生会根据原理图画出接线图，然后正确连接启动电路。

【实训步骤】

1．让学生检查桌上的实训器材，并填写"任务工作单"和"任务评价表"。

2．每个小组先讨论在实训工单上画出接线图和连接方法。

3．学生对照课本上的接线实训图 3.21 进行电路修改并连接电路。

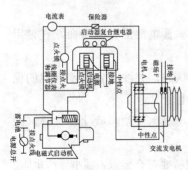

实训图 3.21

4．学生连接完电路后教师检查试机。完成"任务工作单"，请同学回答相关问题，并相互纠正。

开，切断了启动继电器线圈的电路，于是启动机将会自动停止运转。

3.4.3　微机控制启动系统

随着微机在汽车上的应用越来越广，在一些高级轿车中安装了微机控制防盗报警系统，启动机的运行受微机控制。下面以丰田公司生产的凌志 LS400 轿车为例介绍微机控制启动系统的工作原理。

凌志 LS400 轿车微机控制启动系统的控制电路原理如图 3.19 所示。

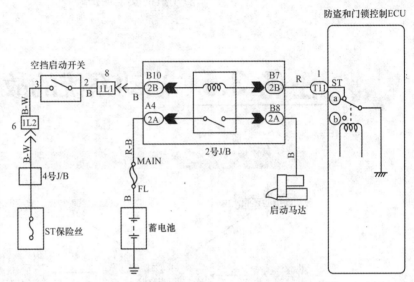

图 3.19　微机控制原理图

启动继电器线圈的一端通过空挡启动开关和 ST 熔断器接点火开关，由点火开关控制与蓄电池正极的连接情况，另一端接防盗和门锁控制 ECU 的"ST"端子，由防盗和门锁控制 ECU 控制其搭铁。变速器处于空挡时，空挡启动开关是接通的，否则是断开的。

当点火开关钥匙没有插入或没有处于工作位置时，防盗系统工作，防盗和门锁控制 ECU 使"ST"端子为高电位 12 V，即使点火开关置于启动位置，并且空挡启动开关接通，也因启动继电器线圈两端电位相等，启动继电器触点不能闭合，使启动机不工作。

当点火开关钥匙插入并处于工作位置时，全部防盗功能解除，防盗和门锁控制 ECU 使"ST"端子为低电位 0 V。如果点火开关置于启动位置、变速器处于空挡位置，则启动继电器线圈电路接通，使启动继电器触点闭合、启动机工作。

发动机启动后，点火开关自启动位置退回，启动继电器线圈电路切断、触点断开，启动机停止工作。

空挡启动开关保证了只有变速器在空挡位置才能启动发动机，既有利于汽车顺利、安全启动，又能保证在汽车行驶过程中，即使误将点火开关旋至启动位置，启动机也不会工作，避免了齿轮撞击，延长了启动机驱动齿轮和飞轮齿圈的使用寿命。

防盗和门锁控制 ECU 也可以根据发电机的工作情况或发动机的转速对"ST"端子的电位进行控制，实现启动机的安全保护。如

5. 回收工具，整理、清洁工作场所，认真执行 6S 管理。

"任务工作单"和"任务评价表"见附录。

果防盗和门锁控制 ECU 是根据发电机的工作情况对"ST"端子的电位进行控制的，则当发电机工作正常后，发电机的输出电压或中性点输出电压超过规定值，防盗和门锁控制 ECU 将使"ST"端子为高电位 12 V；如果防盗和门锁控制 ECU 是根据发动机的转速对"ST"端子的电位进行控制的，则当发动机的转速达到怠速转速后，防盗和门锁控制 ECU 将使"ST"端子为高电位 12 V；即使点火开关置于启动位置，并且空挡启动开关接通，启动机也不工作，实现了启动机的安全保护。

任务 3.5　启动系统的故障诊断

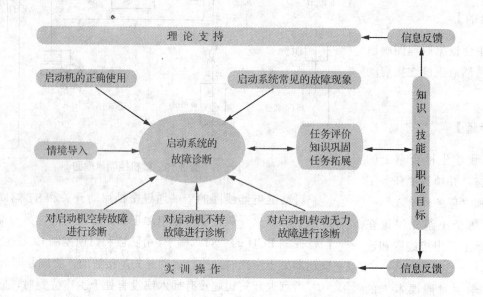

实训指导

实训 10　启动机不转故障的诊断与排除

【实训准备】

实训台架、连接线、手动工具等，任务工作单、评价表。

【实训目的】

学生会根据所学知识进行启动机不转故障的诊断与排除。

基础知识

3.5.1　启动机的正确使用

为了提高启动转速、延长启动机和蓄电池的使用寿命，在使用中应注意：

（1）尽量保持蓄电池处于充足电状态，并注意做好蓄电池的保温工作，提高蓄电池电动势、减小内电阻。

（2）启动线路连接要牢固、可靠，避免松动和氧化锈蚀等，减小接触电阻。

（3）启动线路导线长度、面积和材料要符合要求，减小导线电阻。

（4）启动机要定期维护，减小启动机内部电阻和摩擦阻力矩。

（5）启动前，尽量对发动机进行充分预热，降低润滑油黏度，加强润滑，对一些柴油机，还要利用其减压装置，尽可能地减小发动机的阻力矩。

（6）启动过程中，应关掉所有与启动无关的用电设备，并踩下

【实训步骤】

1．让学生检查桌上的实训器材，并填写"任务工作单"和"任务评价表"。

2．教师在实训台架上设置启动机不转的故障。

3．每个小组先讨论出本组故障的可能原因。

4．每组同学轮流到实训台架上完成故障排除。其他同学观察记录。

（1）用万用表电压挡测量蓄电池电压，然后检查一下接线是否牢固。

（2）检查点火开关接线是否松动或内部是否接触不良。

（3）检查启动线路中是否有断路、导线接触不良或松脱等。

（4）检查启动机的换向器与电刷接触情况，励磁绕组或电枢绕组是否有断路或短路，绝缘电刷是否搭铁，电磁开关线圈是否断路、短路、搭铁或触点是否烧蚀。

5．完成"任务工作单"，请同学回答相关问题，并相互纠正。

6．回收工具，整理、清洁工作场所，认真执行6S管理。

"任务工作单"和"任务评价表"见附录。

实训11 启动机启动无力故障的诊断与排除

【实训准备】

实训台架、连接线、手动工具、万用表等，任务工作单、评价表。

离合器，以减小蓄电池的内部压降和发动机的阻力矩。

（7）发动机启动后，尽快断开启动开关，停止启动系统的工作，减少启动机不必要运转造成的磨损和电能消耗。

（8）启动机每次连续工作时间一般不超过5 s，两次启动之间的时间间隔要在15 s以上。

3.5.2 启动系统的故障现象与排除

启动系统的常见故障包括启动机不转、启动机转动无力、启动机空转和启动机运转不停等。

1．启动机不转故障的诊断与排除

（1）故障现象

将点火开关旋至启动挡，启动机驱动齿轮不向外伸出，启动机不转。

（2）故障原因

① 电源故障。

蓄电池严重亏电或极板硫化、短路等，蓄电池极桩与线夹接触不良，启动电路导线连接处松动而接触不良等。

② 启动机故障。

换向器与电刷接触不良，励磁绕组或电枢绕组有断路或短路，绝缘电刷搭铁，电磁开关线圈断路、短路、搭铁或其触点烧蚀等。

③ 点火开关故障。

点火开关接线松动或内部接触不良。

④ 启动线路故障。

启动线路中有断路、导线接触不良或松脱等。

（3）故障诊断的思路如图3.20所示。

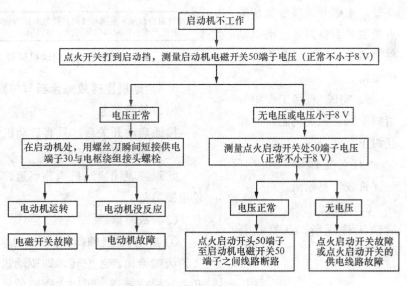

图3.20 启动机不转故障诊断流程图

2．启动机转动无力故障诊断与排除

（1）故障现象

将点火开关旋至启动挡，启动齿轮发出"咔嗒"声向外移出，但是启动机不转动或转动缓慢无力。

【实训目的】

学生会根据所学知识进行启动机启动无力故障的诊断与排除。

【实训步骤】

1．让学生检查桌上的实训器材，并填写"任务工作单"和"任务评价表"。

2．教师在实训台架上设置故障。

3．每个小组先讨论出本组故障的可能原因，并做好记录。

4．每组同学轮流到实训台架上完成故障排除，其他同学观察记录。

（1）用万用表电压挡检测蓄电池的电压，检查一下启动电源导线连接处接触是否良好。

（2）用万用表电阻挡检测换向器与电刷的接触是否良好，电磁开关接触盘和触点接触是否良好，电动机励磁绕组或电枢绕组是否有局部短路。

5．完成"任务工作单"，请同学回答相关问题，并相互纠正。

"任务工作单"和"任务评价表"见附录。

6．回收工具，整理、清洁工作场所，认真执行6S管理。

实训12 启动机空转故障的诊断与排除

【实训准备】

实训台架、连接线、手

（2）故障原因

① 电源故障。

蓄电池亏电，启动电源导线连接处接触不良等。

② 启动机故障。

换向器与电刷接触不良，电磁开关接触盘和触点接触不良，电动机励磁绕组或电枢绕组有局部短路等。

（3）故障诊断思路如图 3.21 示。

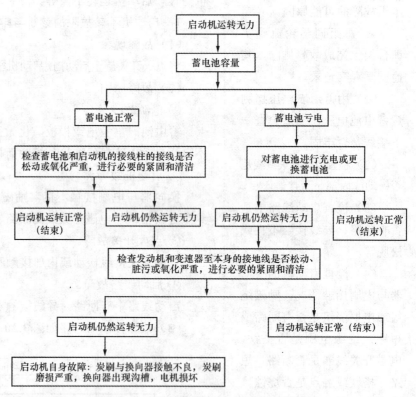

图3.21 启动机运转无力故障诊断流程图

3．启动机空转故障诊断与排除

（1）故障现象

接通启动开关后，只有启动机快速旋转而发动机曲轴不转。

（2）故障原因

此现象表明启动机电路畅通，故障在于启动机的传动装置和飞轮齿圈等处。

（3）故障诊断

① 启动机空转时，有较轻的摩擦声音，启动机驱动齿轮不能与飞轮齿啮合而产生空转，即驱动齿轮还没有啮合到飞轮齿中，电磁开关就提前接通，说明主回路的接触行程过短，应拆下启动机，进行启动机接通时刻的调整。

② 若在启动机空转的同时伴有齿轮的撞击声，则表明飞轮齿圈牙齿或启动机小齿轮牙齿磨损严重或已损坏，致使不能正确地啮合。

③ 启动机传动装置故障有：单向离合器弹簧损坏；单向离合

动工具，万用表等，任务工作单、评价表。

【实训目的】

学生会根据所学知识进行启动机空转故障的诊断与排除。

【实训步骤】

1．让学生检查桌上的实训器材，并填写"任务工作单"和"任务评价表"。

2．教师在实训台架上设置故障。

3．每个小组先讨论出本组故障的可能原因，并做好记录。

4．每组同学轮流到实训台架上完成故障的诊断和排除，其他同学观察记录。

（1）检查电磁开关是否在驱动齿轮与飞轮齿没有啮合就提前接通。

（2）检查飞轮齿圈牙齿或启动机小齿轮牙齿是否磨损严重或已损坏。

（3）检查单向离合器弹簧是否损坏；单向离合器滚子是否磨损严重；单向离合器套管的花键槽是否锈蚀。

（4）检查传动装置是否有卡死情况。

5．完成"任务工作单"，请同学回答相关问题，并相互纠正。

6．回收工具，整理、清洁工作场所，认真执行6S管理。

"任务工作单"和"任务评价表"见附录。

器滚子磨损严重；单向离合器套管的花键槽锈蚀。这些故障会阻碍小齿轮的正常移动，造成不能与飞轮齿圈准确啮合等。

④ 有的启动机传动装置采用一级行星齿轮减速装置，其结构紧凑，传动比大，效率高。但使用中常会出现载荷过大而烧毁卡死现象。有的采用摩擦片式离合器，若压紧弹簧损坏，花键锈蚀卡滞和摩擦离合器打滑，也会造成启动机空转。

> **任务实施**
>
> 为了让学生在今后的工作中能够准确及时地排除启动系统的故障，在教学中对启动机的分类、型号及意义、组成部分及作用，启动机的结构，启动机的工作原理，电路原理图、接线图，常见故障现象等理论知识进行系统的学习；同时我们在实训台架上完成故障诊断与排除，也进行实训操作。我们对启动机的常见故障进行了系统的分析，让学生能够真正找到故障所在。

> **相关链接**
>
> **直流电动机的工作原理**
>
> 直流电动机是根据载流导体在磁场中受到电磁力作用而发生运动的原理工作的。如图3.22所示，两片换向片分别与环状线圈的两端连接，电刷一端与两换向器片相接触，另一端分别接蓄电池的正极和负极。在环状线圈中电流的方向交替变化，用左手定则判断可知，环状线圈在电磁力矩作用下按顺时针方向连续转动。这样在电源连续对电动机供电时，其线圈就不停地按同一方向转动。
>
> 为了增大输出力矩并使运转均匀，实际的电动机中电枢采用多匝线圈，随线圈匝数的增多换向片的数量也要增多。
>
> 1．减速启动机介绍
>
> 减速启动机与常规启动机的主要区别是：在传动机构和电枢轴之间安装了一套齿轮减速装置，通过减速装置把力矩传递给单向离合器。减速启动机的主要特点是：

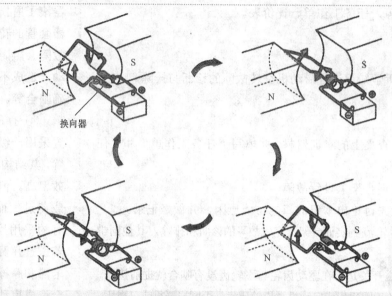

图 3.22 直流电动机的工作原理

（1）在传动系统中增加了减速装置，增大了启动机电枢轴和飞轮之间的传动比。

（2）采用小型高速低转矩的电动机，减小了启动机的体积和质量。

（3）电枢轴的长度缩短，不易弯曲。

（4）部分减速启动机没有拨叉。

2. 减速启动机具有的优点

（1）启动机单位质量的输出功率（比功率）增加，在同样输出功率条件下减速启动机的质量比传统启动机减小 20%～35%，既减轻了质量、节省了材料，又减小了体积，便于安装和维护。

（2）提高了启动机的输出扭矩，有利于发动机启动。

（3）降低了启动机主电路电流，从而使蓄电池的容量可以适当减小，蓄电池和启动机、车身之间的连接电缆的电阻可以适当增大，电缆截面积减小，有利于节省材料、降低成本和减轻质量；同时，启动机性能对主电路接触电阻的敏感程度有所降低，有利于提高启动系统工作的可靠性。

（4）减轻了蓄电池的负荷，有利于提高蓄电池的使用寿命。

3. 减速启动机的种类

根据减速机构结构不同，减速启动机可分为外啮合式、内啮合式和行星齿轮啮合式三种类型，如图 3.23 所示。

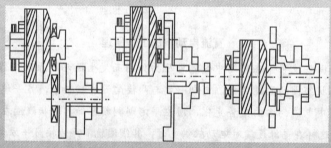

图 3.23 减速启动机的三种形式

（1）外啮合式减速启动机的减速机构是在电枢轴和启动机驱动齿轮之间利用惰轮作为中间传动，且电磁开关铁芯与驱动齿轮同轴心，直接推动驱动齿轮进入啮合，无需拨叉。因此，启动机的外形与普通的启动机有较大的差别。外啮合式减速机构的传动中心距较大，因此受启动机结构的限制，其减速比不能太大，一般不大于 5，多用在小功率的启动机上，如图 3.24 所示。

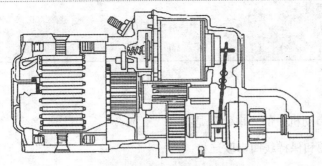

图 3.24 外啮合式减速启动机

（2）内啮合式减速启动机有较大的减速比，故适用于较大功率的启动机。但内噪声较大，驱动齿轮仍须拨叉拨动进行啮合，因此，启动机的外形与普通启动机相似，如图 3.25 所示。

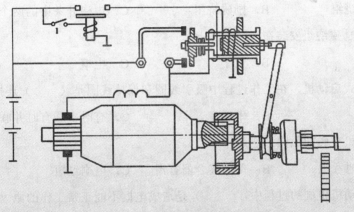

图 3.25 内啮合式减速机

（3）行星齿轮式减速启动机，如图 3.26 所示。

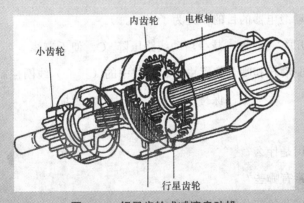

图 3.26 行星齿轮式减速启动机

特点：结构紧凑、传动比大、效率高。由于输出轴与电枢轴同轴线、同旋向，电枢轴无径向载荷，振动轻，整机尺寸减小。另外，行星齿轮式减速启动机还具有如下优点：

（1）负载平均分配在三个行星齿轮上，可以采用塑料内齿圈和粉末冶金的行星齿轮，使质量减轻、噪声降低。

（2）尽管增加行星齿轮减速机构，但是启动机的轴向及其他结构与普通启动机相同，配件可以通用。

因此，行星齿轮式减速启动机应用越来越广泛，奥迪轿车和丰田系列轿车大都采用行星齿轮式减速启动机。

课后练习

一、选择题

1. 串励式直流启动机中的"串励"是指（ ）。
   A．吸引线圈和保持线圈串联连接
   B．励磁绕组和电枢绕组串联连接
   C．吸引线圈和电枢绕组串联连接

2. 永磁式启动机是用永久磁铁代替普通启动机中的（ ）。
   A．电枢绕组　　　B．励磁绕组　　　C．电磁开关中的两个线圈

3. 启动机的励磁绕组安装在（ ）上。
   A．转子　　　　　B．定子　　　　　C．电枢

4. 电磁操纵式启动机，在工作过程中吸引线圈和保持线圈是（ ）连接的。
   A．并联　　　　　B．串联　　　　　C．有时串联有时并联

5. 引起启动机空转的原因之一是（ ）。
   A．蓄电池亏电　　B．单向离合器打滑　C．电刷过短

6. 在检测启动机电刷的过程中，（ ）是造成电枢不能正常工作的原因之一。
   A．换向器片和电枢铁芯之间绝缘　　B．换向器片和电枢轴之间绝缘
   C．各换向器片之间绝缘

7. 启动机安装启动继电器的目的不是为了（ ）。
   A．保护点火开关　B．减少启动线路压降　C．便于布线

8. 启动机工作时驱动轮和啮合位置由电磁开关中的（ ）线圈控制，使其保持不动。
   A．吸引　　　　　B．保持　　　　　C．磁场

二、简答题

1. 启动系统的作用是什么？
2. 影响启动的因素有哪些？
3. 启动系统的组成及各部分的作用是什么？
4. 启动机由哪三大部分组成？
5. QD124（型启动机）的含义是什么？
6. 启动机各组成部分的作用是什么？
7. 串励直流电动机的组成及各部分的作用是什么？
8. 离合器的种类及工作原理是什么？
9. 电磁开关的组成及工作原理是什么

10. 开关直接控制启动电路的工作原理是什么？
11. 启动继电器控制启动电路的工作原理是什么？
12. 复合继电器控制启动电路的工作原理是什么？
13. 启动机转动无力的原因是什么？
14. 启动机不转动的原因是什么？
15. 启动机空转的原因是什么？

模块 4

汽车照明信号仪表系统

【知识目标】

1. 了解汽车照明、信号、仪表、报警系统的作用、组成、分类;
2. 了解汽车照明灯、信号灯、仪表灯、报警装置的结构、用途及工作时的特点;
3. 了解前照灯的基本要求、结构、电路的控制方式及防眩目措施;
4. 理解电喇叭、继电器的结构、控制电路及工作过程;
5. 熟悉汽车照明与信号、仪表与报警系统常见故障的诊断与排除方法。

【技能目标】

1. 正确识别和操控汽车照明、信号、仪表、报警系统各灯具及开关;
2. 掌握汽车前大灯的检测、调整与前大灯灯泡的更换方法;
3. 掌握转向信号灯的电路控制原理和电路连接方法;
4. 掌握汽车报警装置传感器的性能检测的方法。

【课时计划】

任务类别	任务内容	参考课时 理论课时	实训课时	合 计
任务 4.1	汽车照明系统概述	2	4	6
任务 4.2	汽车前大灯的控制电路及辅助装置	2	4	6
任务 4.3	汽车前大灯的检测与更换	2	8	10
任务 4.4	信号系统概述	2	4	6
任务 4.5	汽车转向电路的连接	2	4	6
任务 4.6	汽车仪表系统	2	4	6
任务 4.7	汽车报警装置简介	2	4	6

共计:46 课时

> **情境导入**
>
> 王先生刚拿到驾照不久就买了一辆丰田轿车，在开车回家的路上，天起了大雾，他打开了雾灯开关，结果灯不亮，怎么也找不到原因……因此，对于汽车维修人员，要熟练掌握汽车照明系统的基本知识和操作技能，以便更好地维护汽车照明系统，排除各种故障。

任务驱动

任务 4.1　汽车照明系统概述

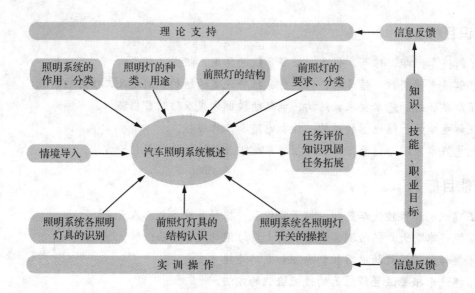

实训指导

实训 1　汽车照明系统各照明灯具的识别

【实训准备】

1. 设备与器材：丰田轿车电路实训台。
2. 将"任务工作单 4.1.1"分发给每位学生。

基础知识

4.1.1　汽车照明系统的作用

为了保证汽车行驶的安全性，减少交通事故和机械事故的发生，汽车上都装有多种照明设备和灯光信号装置，俗称灯系。汽车照明系统的作用是用于提供夜间安全行驶必要的照明。

4.1.2　汽车照明系统的分类

汽车照明系统根据安装位置和用途不同，一般可分为外部照明装置和内部照明装置，如图 4.1 所示。

【实训目的】

1. 能够说出汽车照明系统的作用。
2. 能够说出汽车照明系统的分类。
3. 能够正确识别汽车照明系统各灯具并说出其灯具名称、安装位置。

【实训步骤】

1. 按照下列要求对丰田轿车的电路实训台进行观察练习并将结果填写在"任务工作单4.1.1"的空格处。

2. 照明灯具的识别（分组练习）。

（1）1组观察丰田轿车外部照明灯具、安装位置及数量。

（2）2组观察丰田轿车内部照明灯具、安装位置及数量。

（3）1组和2组交换进行练习。

（4）其他组按以上（1）～（3）的方式轮流进行练习。

3. 单人练习。

按照下列要求对丰田轿车的电路实训台进行观察练习，组长进行记录。

（1）一人观察丰田轿车外部照明灯具，并依次说出外部各照明灯具的名称、数量及安装位置。

（2）另一人观察丰田轿车内部照明灯具，并依次说出内部各照明灯具的名称、数量及安装位置。

（3）两人交换进行观察

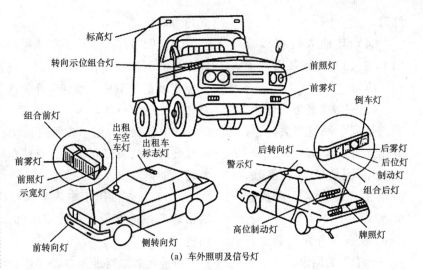

(a) 车外照明及信号灯

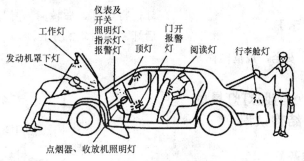

(b) 车内照明及信号灯

图4.1 汽车照明装置

4.1.3 汽车照明灯的种类、用途及特点

（1）前照灯：俗称大灯，装在汽车头部的两侧，用于夜间或光线昏暗路面上汽车行驶时的照明，有两灯制和四灯制之分，前照灯的光色一般为白色。

（2）雾灯：安装在车头和车尾，位置比前照灯稍低。

光色为黄色或橙色（黄色光波较长，透露性好）。用于在有雾、下雪、暴雨或尘埃等恶劣条件下改善道路照明情况。装在车头的雾灯称为前雾灯，车尾的雾灯称为后雾灯。

（3）示宽灯与尾灯：用于夜间给其他车辆表示车辆位置与宽度。位于前方的称为示宽灯又叫"小灯"，灯光为白色；位于后方的灯称为尾灯，灯光为红色；两灯均为低强度灯。

（4）制动灯：安装在车辆尾部，通知后面的车辆本车正在制动，以免后面的车辆与其后部碰撞。制动灯的光色一般为红色。

（5）转向信号灯：安装在车辆前后两端及前翼子板上，向前后左右车辆表明驾驶员正在转向或变换车道。转向信号灯的光色为黄色或橙色，灯光每分钟闪烁60～120次。

（6）危险警告灯：车辆紧急停车、驻车或车辆有故障时，危险警告灯给前后左右车辆显示车辆位置并引起其他车辆的驾驶员注意。转向信号灯一起同时闪烁，即作为危险警告灯用。

（7）牌照灯：用于照亮尾部车牌。当尾灯亮时，牌照灯也亮，练习。

（4）其他人员按以上（1）～（3）方式每人轮流进行练习。

4．完成"任务工作单"后，请同学回答相关问题，并相互纠正。

5．回收工具，整理、清洁工作场所，认真执行6S管理。

"任务工作单"和"任务评价表"见附录。

【技术提示】

注意安全，规范操作。

实训2 前照灯灯具的结构认识

【实训准备】

1．设备与器材：汽车前照灯、前照灯灯泡、工作台。

2．将"任务工作单4.1.2"分发给每位学生。

【实训目的】

1．能够说出汽车前照灯的作用。

2．能够说出汽车前照灯的要求。

3．能够说出汽车前照灯及前照灯灯泡的分类。

4．认识汽车前照灯及前照灯灯泡的结构。

【实训步骤】

1．按照下列要求对轿车的前照灯灯具及前照灯灯泡的结构进行观察并将结果填写在"任务工作单4.1.2"的空格处。

光色为白色。

（8）倒车灯：安装于车辆尾部，给驾驶员提供额外照明，使其能在夜间倒车时看清车辆后面，也警告后面的车辆，本车驾驶员想要倒车或正在倒车。当点火开关接通，变速杆换至倒车挡时，倒车灯亮，光色为白色。

（9）仪表灯：用于夜间照亮仪表盘，使驾驶员能迅速看清仪表。尾灯亮时，仪表灯同时亮。有些车辆还加装了灯光控制变阻器，使驾驶员能调整仪表灯的亮度。

（10）顶灯：用于车内乘客照明，但必须不致使驾驶员眩目。通常客车车内灯位于驾驶室中部，使车内灯光分布均匀，光色为白色。

目前，多数将前照灯、雾灯、示宽灯等组合起来，称为组合前灯；将尾灯、后转向信号灯、制动灯、倒车灯等组合起来称为组合后灯，如图4.2所示。

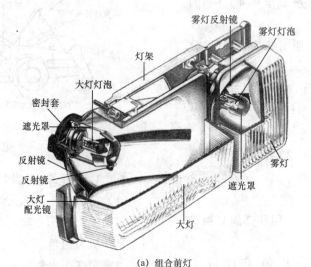

(a) 组合前灯

(b) 桑塔纳轿车组合后灯

图4.2 前、后组合灯具

4.1.4 前照灯的结构

汽车前照灯一般由光源（灯泡）、反光镜（或反射镜）、配光镜（散光镜）三部分组成，如图4.3所示。

2．观察前照灯灯具及灯泡（分组练习）。

（1）1组观察汽车前照灯灯具的结构，如图 4.3 所示。

（2）2组观察汽车前照灯灯泡的结构，如实训图 4.1 所示。

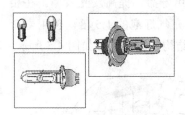

实训图 4.1

（3）1组和2组交换进行观察汽车前照灯灯具、前照灯灯泡的结构，知道前大灯组合开关各功能开关的用途及各零部件名称的练习。

（4）其他组按以上（1）～（3）的方式轮流进行练习。

3．单人练习。

按下列要求对轿车前照灯灯具及前照灯灯泡的结构进行观察练习，组长进行记录。

（1）一人观察轿车的前照灯灯具的结构，说出照明灯具结构的名称。

（2）另一人观察轿车的前照灯灯泡的结构，说出各前照灯灯泡的名称。

（3）两人交换进行练习。

（4）其他人员按以上（1）～（3）方式每人轮流进行练习。

4．完成"任务工作单"，请同学回答相关问题，并相互纠正。

5．回收工具，整理、

1．反射镜

反射镜的作用是最大限度地将灯泡发出的光线聚合构成强光束，以增加照射距离。

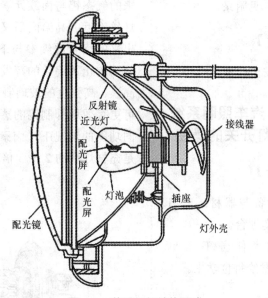

图 4.3 前照灯的结构组成

2．配光镜

配光镜又称散光玻璃，由透光玻璃压制而成，是多块特殊棱镜和透镜的组合，外形一般为圆形和矩形。

配光镜的作用是将反射镜反射出的平行光束进行折射，使车前的路面有良好而均匀的照明。

3．灯泡

（1）白炽灯泡

白炽灯泡是采用钨丝作为灯丝，灯泡内充满86%氩和14%氮的混合惰性气体。在灯泡工作时，由于惰性气体受热后膨胀会产生较大的压力，这样可减少钨的蒸发，从而延长灯泡的使用寿命，而且还使灯丝温度升高，提高了发光效率，如图 4.4 所示。

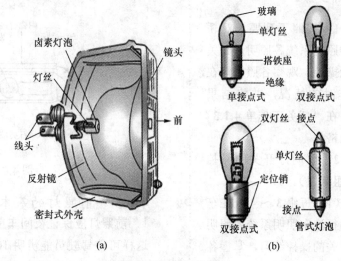

图 4.4 白炽灯的结构

清洁工作场所,认真执行6S管理。

"任务工作单"和"任务评价表"见附录。

【技术提示】

注意安全、规范操作。

实训3 汽车照明系统各照明灯开关的操控

【实训准备】

1．设备与器材：丰田轿车电路实训台。

2．将"任务工作单4.1.3"分发给每位学生。

【实训目的】

1．能够说出汽车前组合灯的组成。

2．能够说出汽车后组合灯的组成。

3．能够说出汽车前照灯的防眩目措施。

4．能够正确地对汽车照明系统各灯光开关进行操控,知道汽车各照明灯的用途、特点。

【实训步骤】

1．按照下列要求对轿车的照明系统各照明灯开关进行操控,观察各照明灯在工作时的情况,并将结果填写在"任务工作单4.1.3"的空格处。

2．照明灯开关的操控（分组练习）。

（1）每组3～4人在车内进行汽车照明系统各照明灯开关的操控练习,掌握各开关的操作方法；

（2）卤素灯泡

在充入灯泡的气体中掺入某一卤族元素,如氟、氯、碘等。在灯泡工作时,其内部可形成卤钨再生循环反应：即从钨丝上蒸发出来的气态钨与卤族元素反应生成了一种挥发性的卤化钨,它扩散到灯丝附近的高温区后又受热分解,使钨又重新回到灯丝上。被释放出来的卤素继续参与下一次循环反应,如此周而复始地循环下去,从而防止了钨丝的蒸发和灯泡的黑化现象。卤素灯泡的玻璃是由耐高温、高强度的玻璃制成,且灯泡内的充气压力较大,工作温度高,可更有效地抑制钨的蒸发量,延长使用寿命,提高发光效率。在相同功率的情况下,卤素灯泡的亮度是充气灯泡的1.5倍,使用寿命是充气灯泡的2～3倍。卤素灯泡的结构与拆卸情形如图4.5所示。

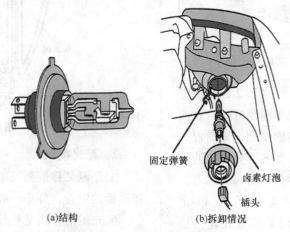

图4.5 卤素灯泡的结构与拆卸情况

（3）氙气灯泡

氙气灯称为高亮度气体放电灯,结构如图4.6所示。这种灯泡用装在石英管内的两个电极代替灯丝,管内充满氙气及微量金属（或金属卤化物）。在电极上加上足够高的引弧电压（5 000～12 000 V）后,气体开始电离而导电发光。氙气灯泡由弧光灯组件、电子控制器和升压器三部分组成。

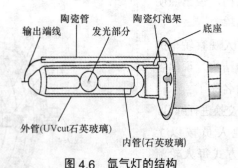

图4.6 氙气灯的结构

4.1.5 前照灯的基本要求

1．前照灯应保证夜间车前有明亮而均匀的照明

这样可使驾驶员能辨明100 m以内道路上的任何物体。随着汽车行驶速度的不断提高,对前照灯的要求也越来越高,现代高速汽

（2）组内其余3～4人在车外观察汽车照明系统各照明灯在工作时的情况；

（3）每组在车内和车外的人员交换进行练习。

（4）其他组按以上(1)～(3)方式轮流进行练习。

3．单人练习。

按照下列要求对丰田轿车的电路实训台进行观察练习，组长进行记录。

（1）一人在车内进行汽车照明系统各照明灯开关的操控练习；

（2）另一人在车外观察轿车照明系统各照明灯在工作时的情况；

（3）两人交换进行练习。

（4）按以上（1）～（3）方式每人轮流进行练习。

4．完成"任务工作单"，请同学回答相关问题，并相互纠正。

5．回收工具，整理、清洁工作场所，认真执行6S管理。

"任务工作单"和"任务评价表"见附录。

【技术提示】

安全第一，规范操作。

车的前照灯的照明距离能达到200～250 m。

2．前照灯应具有防眩目装置

夜间会车时，前照灯强烈的灯光可造成迎面驾驶员眩目，容易引发交通事故。为了避免前照灯的眩目作用，可采用的措施有：

（1）可以通过变光开关切换远光和近光。

（2）采用双丝灯泡、采用带遮光罩的双丝灯泡、采用非对称光形、采用Z型光形和具有光敏电阻的自动变光器电路。

① 采用双丝灯泡。远光灯丝位于反射镜的焦点上，功率大，能照亮车前方150 m以外的路面。夜间行车时，对面无来车时，可使用远光灯。

近光灯丝位于反射镜的焦点的上方或前方，功率小。夜间行车，当对面来车时，可使用近光灯。由于光线较弱，且反射后的大部分射向车前的下方，所以可避免使对方驾驶员眩目，如图4.7所示。

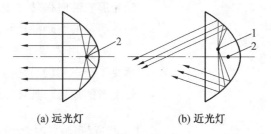

(a) 远光灯　　　　　　(b) 近光灯

图4.7 双丝灯的远光和近光
1—近光灯丝；2—远光灯丝

② 采用带遮光罩的双丝灯泡。遮光罩位于近光灯丝的下方，当使用近光灯时，遮光罩能将近光灯丝射向下部的光线遮挡住，无法反射，提高防眩目效果，如图4.8所示。

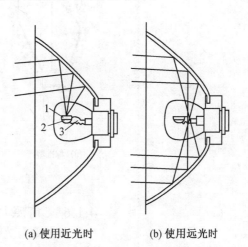

(a) 使用近光时　　　　　(b) 使用远光时

图4.8 带遮光罩的前照灯灯泡
1—近光灯丝；2—遮光罩；3—远光灯丝

③ 采用非对称光形。远光灯丝位于反射镜的焦点上，近光灯丝则位于焦点前方且稍高出光学轴线，其下方装有金属配光屏，如图

4.9 所示。

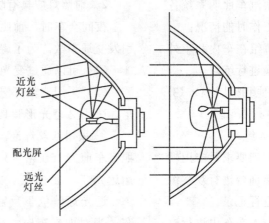

图 4.9　具有配光屏的双丝灯泡的工作情况

由近光灯丝射向反射镜上部的光线，反射后倾向路面，而配光屏挡住了灯丝射向镜下半部的光线，故无向上反射引起眩目的光线。配光屏安装时偏转一定的角度，使其近光的光形分布不对称，形成一条明显的明暗截止线。

④ 采用 Z 型光形。Z 型配光光形的明暗截止线呈 Z 形，它不仅解决了会车驾驶员防炫目的问题，还可以防止对面行人和非机动车使用者的炫目。具体的配光形式如图 4.10 所示。

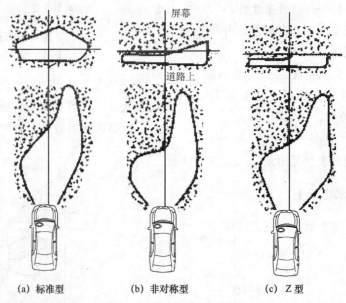

(a) 标准型　　　(b) 非对称型　　　(c) Z 型

图 4.10　前照灯的配光形式

4.1.6　前照灯的分类

（1）按前照灯光学组件的结构不同，可将其分为以下几种：可拆式前照灯、半封闭式前照灯、封闭式前照灯和投射式前照灯。

（2）按照安装数量的不同可分为：两灯制前照灯和四灯制前照灯。前者每只灯具有远、近光双光束；后者外侧一对灯为远近双光束，内侧一对灯为远光单光束。

任务 4.2 汽车前大灯的控制电路及辅助装置

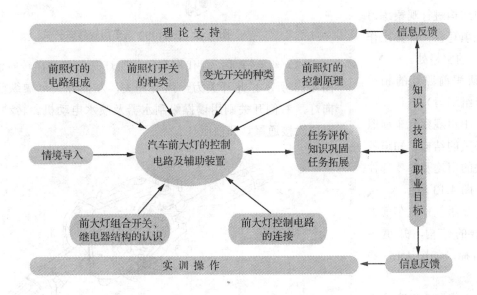

实训指导

实训 4 汽车前大灯组合开关、继电器结构的认识

【实训准备】

1. 设备与器材：工作台、前大灯、前大灯组合开关、继电器等。

2. 将"任务工作单 4.2.1"分发给每位学生。

【实训目的】

1. 能够说出汽车前大灯控制电路的组成。

2. 能够说出汽车前大灯开关的种类。

3. 能够说出汽车变光开关的种类。

基础知识

4.2.1 前照灯的电路组成

前照灯控制电路主要由灯光开关、变光开关、前照灯继电器及前照灯组成。

1. 灯光开关

灯光开关分为拉钮式、旋转式、组合式三种。

（1）拉钮式开关：拉钮式开关有三个挡位、四个接线柱，分别控制前照灯、位灯和尾灯，如图 4.11 所示。

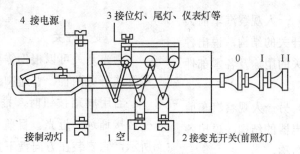

图 4.11 拉钮式车灯开关

（2）旋转式开关：EQ1090 即使用旋转式开关。它有四个挡位、六个接线柱，分别控制位灯、前照灯、侧灯，如图 4.12 所示。

4. 能够正确识别前大灯组合开关、继电器的结构，知道各零部件的名称。

【实训步骤】

1. 按照下列要求对汽车前大灯组合开关、前大灯继电器的结构进行观察练习并将结果填写在"任务工作单4.2.1"的空格处。

2. 认识前照灯的相关部件（分组练习）。

（1）1组观察汽车前照灯组合开关的结构，知道各功能开关的用途及各零部件名称，如图4.13所示。

（2）2组观察汽车前大灯继电器的结构，知道各零部件名称，如图4.15（a）所示。

（3）1组和2组交换进行练习。

（4）其他组按以上（1）～（3）的方式轮流进行练习。

3. 单人练习。

每次安排两人按照下列要求对汽车前大灯组合开关及前大灯继电器的结构进行观察练习，组长进行记录。

（1）一人观察汽车前大灯组合开关的结构，说出各功能开关的用途及各零部件名称。

（2）另一人观察汽车前大灯继电器的结构，说出各零部件名称。

（3）两人交换进行练习。

（4）其他人员按以上（1）～（3）方式每人轮流进行练习。

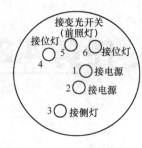

图4.12 EQ1090汽车用旋转式开关

（3）组合开关：现代汽车的前照灯开关都装在转向盘下方，如图4.13所示。此开关为一组合开关，左侧开关可操纵前照灯及转向灯，右侧开关则用以操纵刮水器及喷水电动机。转动开关端部，可依次接通尾灯和前照灯。

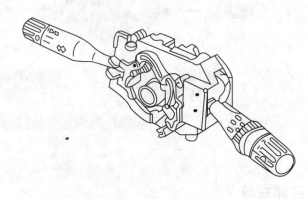

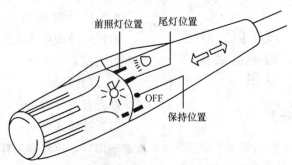

图4.13 组合开关

2. 变光开关

变光开关可以根据需要切换远光和近光。它有脚踏变光开关和组合式开关两种。普通脚踏变光开关结构如图4.14所示。

当用脚踏按钮时，推杆推动转轮向一个方向转动60°，从而交替接通远、近光。目前车辆上多采用组合式变光开关，如图4.13所示，它安装在方向盘下方，便于驾驶员操作。

3. 前照灯继电器

由于前照灯的工作电流大，特别是四灯制的汽车，若用车灯开关直接控制前照灯，车灯开关易损坏，因此在灯光电路中设有灯光继电器。

4. 完成"任务工作单",请同学回答相关问题,并相互纠正。

5. 回收工具,整理、清洁工作场所,认真执行6S管理。

"任务工作单"和"任务评价表"见附录。

【技术提示】

注意安全、规范操作,不要损坏开关部件。

实训5 前大灯控制电路的连接

【实训准备】

1. 设备与器材:工作台、前大灯、前大灯组合开关、继电器等。

2. 将"任务工作单4.2.2"分发给每位学生。

【实训目的】

1. 能够说出汽车前大灯控制电路的组成。

2. 能够说出汽车前大灯继电器电路的组成。

3. 能够说出前大灯继电器的工作原理。

4. 能够说出前大灯控制电路的工作原理。

5. 能够正确连接汽车前大灯的控制电路。

【实训步骤】

1. 按照下列要求对汽车前大灯继电器及前大灯的控制电路进行观察练习并将结果填写在"任务工作单4.2.2"的空格处。

2. 观察结构了解原理

触点常开式前照灯继电器的结构和引线端子如图4.15所示,端子SW与前照灯开关相连,端子E搭铁,端子B与电源相连,端子L与变光开关相连。当接通前照灯开关后,继电器线圈通电,铁芯被磁化产生吸力,触点闭合,通过变光开关向前照灯供电。

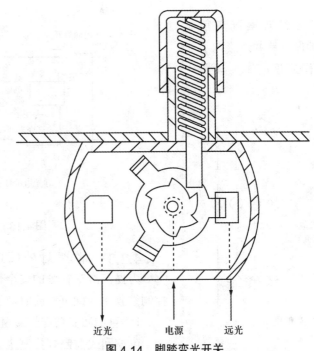

图4.14 脚踏变光开关

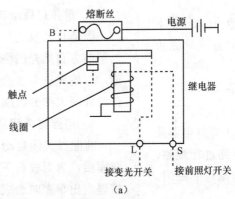

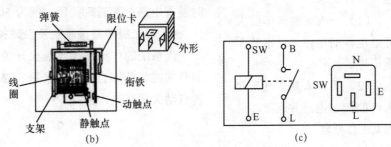

图4.15 前照灯继电器

4.2.2 前照灯的电路控制原理

一般前照灯开关控制各灯的电源,如图4.16所示。但也有一部分汽车的灯开关控制各灯的搭铁。

(分组练习)。

(1) 1组观察汽车前大灯继电器的电路，了解其工作原理，如图4.15(a)所示。

(2) 2组观察汽车前大灯的控制电路并连接，了解其工作原理，如实训图4.2所示。

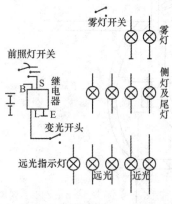

实训图4.2

(3) 1组和2组交换进行练习。

(4) 其他组按以上(1)～(3)的方式轮流进行练习。

3. 单人练习。

每次安排两人按照下列要求对汽车前大灯继电器及前大灯控制电路进行观察，并说出其工作原理的练习，组长进行记录。

(1) 一人观察汽车前大灯继电器的电路，说出其工作原理。

(2) 另一人观察汽车前大灯的控制电路并连接，说出其工作原理。

(3) 两人交换进行练习。

(4) 其他人员按以上(1)～(3)方式每人轮流进行练习。

4. 完成"任务工作单"，

有的汽车前照灯采用一个灯光继电器和一个远光继电器来控制电路。

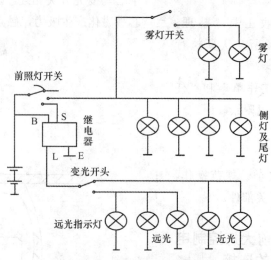

图4.16 前照灯开关控制电源

4.2.3 前照灯的辅助电子控制装置

为提高汽车行驶的安全性和方便性，很多新型车辆采用了电子控制装置，因此可对前照灯进行自动控制。

1. 可缩回式前照灯装置

可缩回式前照灯控制主要由灯光控制开关、变光开关、前照灯缩回装置控制继电器和前照灯缩回装置电动机等组成。

2. 前照灯昏暗自动发光器

昏暗自动发光控制系统的功用是，在行驶（非夜间行驶）中，当车前方自然光的强度减低到一定程度时，自动将前照灯的电路接通，以确保行车安全。它主要由光传感器和控制元件及晶体管放大器组件两大部分组成。

3. 前照灯关闭自动延时控制装置

前照灯关闭自动延时控制装置的主要功能是：当汽车夜间停入车库后，为驾驶员下车离开车库提供一段时间的照明，以免驾驶员摸黑走出车库时造成事故。集成电路和继电器组成的前照灯关闭延时装置电路，其延时关闭时间为50 s。

4. 灯光提示警报系统及自动关闭系统

该系统的作用是：当点火开关关闭，但驾驶员忘记关闭灯光控制开关时，能够自动发出警报，警告驾驶员关闭前照灯和尾灯，或者自动关闭灯光。

请同学回答相关问题,并相互纠正。

5. 回收工具,整理、清洁工作场所,认真执行6S管理。

注:"任务工作单"和"任务评价表"见附录。

【技术提示】

注意安全、规范操作、不要损坏零件。

任务4.3　汽车前大灯的检测与更换

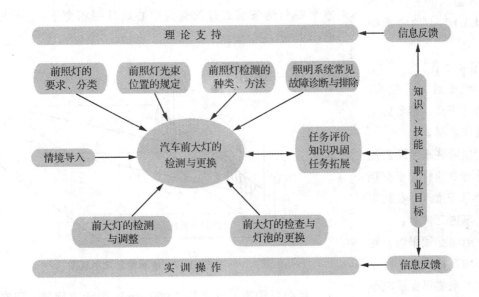

实训指导

实训6　汽车前大灯的检测与调整

【实训准备】

1. 设备与器材:实训车辆、工作台、前照灯检测仪、翼子板防护垫、前脸防护垫、改刀等。

2. 将"任务工作单4.3.1"分发给每位学生。

基础知识

汽车前照灯应有足够的发光强度和正确的照射方向。但前照灯在使用过程中,会因灯泡老化、反射镜变暗、照射位置不正确而使前照灯的发光强度不足或照射位置不正确,影响汽车行驶速度和行车安全。因此必须对前照灯进行检测和调整。

4.3.1　前照灯检测的种类

前照灯检测的种类有屏幕检测法和仪器检测法。屏幕检测法只能检测前照灯的光束位置,不能检测发光强度。

4.3.2　国家标准对汽车前照灯光束位置的规定

机动车在检测前照灯的近光光束照射位置时,前照灯在距离屏幕10 m处,光束明暗截止线转角或中点的高度应为0、6H、8H(H为前照灯基准中心高度,下同),其水平方向位置向左向右偏差均

【实训目的】

1．能够说出汽车前照灯的要求。

2．能够说出汽车前照灯检测方法种类。

3．能够说出仪器检测法的种类。

4．能够说出汽车前照灯光束位置的规定。

5．掌握汽车前大灯灯光的检测与调整的方法。

【实训步骤】

1．各组人员按"任务工作单4.3.1"上的要求填写在空格处。

2．准备工作。

（1）汽车进入工位前，将工位清理干净，准备好相关的工具和器材。

（2）拉紧驻车制动器操纵杆，并将变速杆置于空挡或驻车挡（P挡），安装车轮挡块、车内三件套。

（3）地面必须平坦，轮胎气压必须在标准值，行李舱不可放置重物以保证汽车水平停放。

（4）蓄电池在充满电状态，准备零件盒，以放置零件。

（5）打开引擎盖，放置翼子板防护垫和前脸防护垫。

3．检测与调整。

（1）将前照灯镜面擦拭干净。

（2）调整前照灯试验器水平；转动水平调整螺栓，如实训图4.3所示，检视水泡仪，水泡应在其中央位置。

不得超过100 mm。

四灯制前照灯其远光灯单光束的调整，要求在屏幕上光束中心离地高度为$0.85H \sim 0.90H$，水平位置要求左灯向左偏不得大于100 mm，向右偏不得大于170 mm；右灯向左或向右偏均不得大于170 mm。机动车装用远光和近光双光束灯时以调整近光光束为主。对于只能调整远光单光束的灯，调整远光单光束。

4.3.3 前照灯的检测方法

1．屏幕检测法

将汽车停在水平地面上，并且按规定充足轮胎气压，从车上卸下所有负载（只允许一名驾驶员乘座）；距汽车前照灯10 m处（不同车型有不同的规定）设一屏幕（或利用白墙），在屏幕上画两条垂线（各线通过各前照灯的中心）和一条水平线H（与前照灯的离地高度相等）；再画一条比H线低D mm的水平线与两条前照灯的垂直中心线分别相交于a,b两点，如图4.17所示。

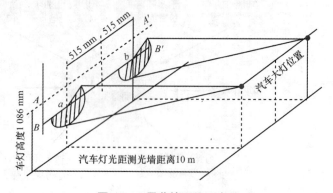

图4.17 屏幕检测法示意图

启动发动机，使之以2 000 r/min的转速旋转，即在蓄电池不放电的情况下点亮前照灯；先将一只灯遮住，检查另一只前照灯的光束是否对准a点或b点（光照中心）。

2．仪器检测法

仪器检测法不仅能检测前照灯的光束位置，还能检测前照灯的发光强度。

（1）仪器检测法的种类

按测量方法的不同，检测仪可分为聚光式、屏幕式、投影式、自动追踪光轴式和全自动式等。

各类仪器使用方法虽各不相同，但检测原理大同小异。一般均采用能把吸收的光能变成电流的光电池作为传感器，按照前照灯主光束照射光电池产生电流的大小和比例，来测量前照灯发光强度和光轴偏斜量。

（2）发光强度的检测原理

测量前照灯发光强度的电路由光度计、可变电阻和光电池等组成，如图 4.18 所示。按规定的距离使前照灯照射光电池，光电池便按受光强度的大小产生相应的光电流使光度计指针摆动，指示出前照灯的发光强度。

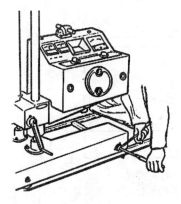

实训图 4.3

（3）检查汽车的位置：汽车开至试验器前方，距离 3 m，如实训图 4.4 所示。试验器上有卷尺，以测量正确距离。

实训图 4.4

（4）利用前照灯试验器上的探视镜，检查车辆是否与试验器对正，如实训图 4.5 所示。

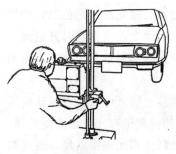

实训图 4.5

（5）打开前照灯检测仪开关，打开汽车近光灯，用橡皮盖盖住其中一个近光灯；移动前照灯检测仪，对准近光灯主光轴；上下或左右移动前照灯检测仪，使上下光轴计及左右光轴计的指针对正零位，如实训图 4.6 所示。

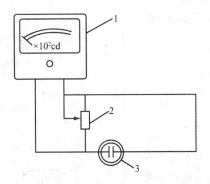

图 4.18 前照灯发光强度检测原理
1—光度计；2—可变电阻；3—光电池

（3）光轴偏斜量的检测原理

测量前照灯光轴偏斜量的电路如图 4.19 所示，由两对光电池组成，左右一对光电池 S 左、S 右上接有左右偏斜指示计，用于检测光束中心的左右偏斜量；上下一对光电池 S 上、S 下上接有上下偏斜指示计，用于检测光束中心的上下偏斜量。当光电池受到前照灯光束照射时，如果光束照射方向偏斜，将分别使光电池的受光面不一致，因而产生的电流大小也不一致。光电池产生的电流差值分别使上下偏斜指示计及左右偏斜指示计的指针摆动，从而检测出光轴的偏斜方向和偏斜量。

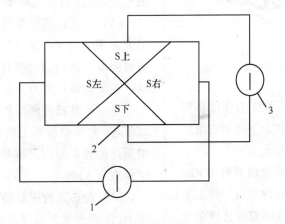

图 4.19 光轴偏斜量检测原理图
1—左右偏斜指示计；2—光电池；3—上下偏斜指示计

图 4.20 所示为光轴无偏斜量时的情况，这时上下偏斜指示计的指针和左右偏斜指示计的指针均垂直向下，即处于零位。

图 4.21 所示为光轴有偏斜量时的情况，这时上下偏斜指示计的指针向"下"方向偏斜，左右偏斜指示计的指针向"左"方向偏斜。

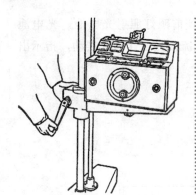

实训图 4.6

（6）转动上下及左右角度调整按钮，将前照灯的影像调整至荧屏的中央，如实训图 4.7 所示。

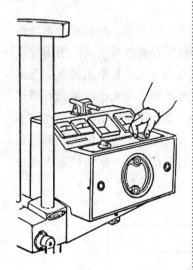

实训图 4.7

从上下及左右角度调整按钮上读取上下及左右角度差，并读取光度。

（7）调整前照灯方向：依原生产厂规定值，将上下及左右角度调整按钮转至一定值；上下及左右移动前照灯检测仪，使前照灯的影像在荧屏的中央；调整前照灯的方向，如实训图 4.8 与实训图 4.9 所示，使上下光轴计及左右光轴计的指针对正零。

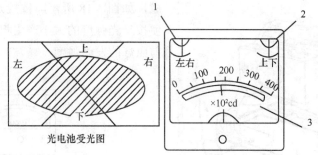

图 4.20　光轴无偏斜量时的情况
1—左右偏斜指示计；2—上下偏斜指示计；3—光度计

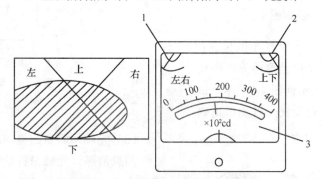

图 4.21　光轴有偏斜量时的情况
1—左右偏斜指示计；2—上下偏斜指示计；3—光度计

4.3.4　前照灯的调整及要求

若通过适当的调节机构，调整光线照射光电池的位置，使 S 左、S 右和 S 上、S 下每对光电池受到的光照度相同，此时每对光电池输出的电流相等，两偏斜指示计的指针均指向零位，其调节量反映了光束中心的偏斜量。当偏斜指示计指针处于零位时，光电池受到的光照最强，四块光电池所输出电流之和表明了前照灯的发光强度。

（1）聚光式前照灯检测仪利用受光器的聚光透镜把前照灯的散射光束聚合起来，并导引到光电池的光照面上，根据其对光电池的照射强度，来检测前照灯的发光强度和光轴偏斜量。检测时，检测仪放在距前照灯前方 1 m 处。

（2）屏幕式前照灯检测仪在固定屏幕上装有可以左右移动的活动屏幕，在活动屏幕上装有能上下移动的内部带有光电池的受光器。前照灯的光束照射到屏幕上，检测发光强度和光轴偏斜量。通常测试距离为 3 m。

（3）投影式前照灯检测仪采用把前照灯光束的影像映射到投影屏上，来检测发光强度和光轴偏斜量。检测时，测试距离一般为 3 m，如图 4.22 所示。

检测时，通过上下、左右移动受光器使光轴偏斜指示计指示为零，从而找到被测前照灯主光轴的方向，然后根据投影屏上前照灯光束影像的位置，即可得出主光轴的偏斜量，同时可从光度计的指示中读取发光强度。

（4）自动追踪光轴式前照灯检测仪采用受光器自动追踪光轴的方法检测前照灯发光强度和光轴偏斜量，如图 4.23 所示。一般检测距离为 3 m。检测时，前照灯的光束照射到检测仪的受光器上。此时，若前照灯光束照射方向偏斜，则主、副受光器的上下光电池或左右光电池的受光量不等，由其电流的差值控制受光器上下移动的电动机运转，或使控制箱左右移动的电动机运转，并通过传动机构牵动受光器上下移动或驱动控制箱在轨道上左右移动，直至受光器上下、左右光电池受光量相等为止。在追踪光轴时，受光器的位移方向和位移量由光轴偏斜指示计指示，此即前照灯光束的偏斜方向、偏斜量和发光强度由光度计指示。

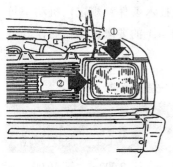

实训图 4.8

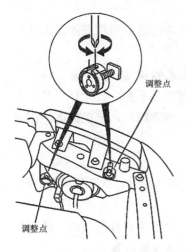

实训图 4.9

4．回收工具，整理、清洁工作场所，认真执行 6S 管理。

"任务工作单"和"任务评价表"见附录。

【技术提示】

注意安全、规范操作，不要损坏仪器。

实训 7　汽车前大灯灯泡的更换

【实训准备】

1．设备与器材：实训车辆、工作台、前照灯检测仪、翼子板防护垫、前脸防护垫、改刀等。

2．将"任务工作单 4.3.2"分发给每位学生。

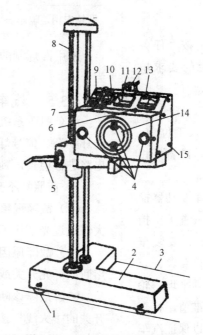

图 4.22　投影式前照灯检测仪

1—车轮；2—底座；3—导轨；4—光电池；5—上下移动手柄；6—上下光轴刻度盘；7—左右光轴刻度盘；8—支柱；9—左右偏斜指示计；10—上下偏斜指示计；11—投影屏；12—汽车摆正找准器；13—光度计；14—聚光透镜；15—受光器

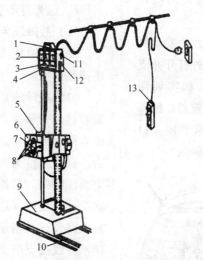

图 4.23　自动追踪光轴式前照灯检测仪

1—在用显示器；2—左右偏斜指示计；3—光度计；4—上下偏斜指示计；5—车辆摆正找准器；6—受光器；7—聚光透镜；8—光电池；9—控制箱；10—导轨；11—电源开关；12—熔丝；13—控制盒

【实训目的】

1．能够说出汽车前照灯的组成。

2．能够说出汽车前照灯灯泡种类。

3．掌握汽车前大灯灯泡的检查与更换的方法。

【实训步骤】

1．各组人员按"任务工作单 4.3.2"上的要求填写在空格处。

2．准备工作。

（1）汽车进入工位前，将工位清理干净，准备好相关的工具和器材。

（2）拉紧驻车制动器操纵杆，并将变速杆置于空挡或驻车挡（P挡），安装车轮挡块、车内三件套。

（3）地面必须平坦，轮胎气压必须在标准值，行李舱不可放置重物以保证汽车水平停放。

（4）蓄电池在充满电状态，准备零件盒，以放置零件。

3．前大灯灯泡的检查与更换。

（1）在车内拉动发动机舱盖手柄，在车外打开并支撑发动机舱盖，如实训图 4.10 所示。观察前照灯组件的安装位置，如实训图 4.11 所示前照灯的分解图。

实训图 4.10

GB 7258—1997《机动车运行安全技术条件》规定，机动车每只前照灯的远光光束发光强度应达到表 4.1 的要求。测试时，其电源系统应处于充电状态。

表4.1　前照灯远光光束发光强度要求

检查项目车辆类型	新注册车		在用车	
	两灯制	四灯制	两灯制	四灯制
汽车、无轨电车	15 000	12 000	12 000	10 000
四轮农用运输车	10 000	8 000	8 000	6 000

采用四灯制的机动车其中两只对称的灯达到两灯制的要求时视为合格。

4.3.5　汽车照明系统常见故障的诊断与排除

汽车照明系统常见的故障一般有前照灯不亮、远光灯不亮、近光灯不亮、信号灯不工作等。在进行故障诊断时，应根据电路图对电路进行检查，判断出故障的部位。

1．前照灯不亮

（1）故障现象：接通车灯开关至 2 或 3 挡时，小灯和仪表正常，大灯远近光灯均不亮。

（2）故障原因：引起灯光不亮的主要原因有灯泡损坏、熔断器熔断、灯光开关或继电器损坏及线路断路或短路等。

（3）故障诊断：将车灯开关接至前照灯挡位，用试灯检查变光开关的"火线"接线柱。若试灯不亮，用试灯检查车灯开关相应接线柱；若试灯亮，表明两开关之间的导线断路；若试灯不亮，表明车灯开关损坏。检查变光开关接线柱时，若试灯亮，为变光开关损坏。用导线分别连接变光开关的"火线"接线柱与远、近光灯接线柱，此时，远近灯均应点亮。

2．远光灯不亮

（1）故障现象：打开前照灯变光时，只有远光或只有近光。

（2）故障原因：变光器损坏、线路断路或短路、灯丝烧断、灯座接触不良。

（3）故障诊断：先将车灯开关接至前照灯挡，接通变光开关，察看远光指示灯。若指示灯亮，表明远光线接点至线束导线断路，或者两远光灯丝烧坏。可在左或右接线板远光灯接线柱上用试灯检查：试灯亮，为两远光灯丝烧坏；试灯不亮，为远光指示灯线至线束导线断路。若指示灯不亮，为可靠起见，先检查远光指示灯技术状况。若良好，连接变光灯的"火线"接线柱和远光灯接线柱，观察大灯及远光指示灯：亮，表明变光开关损坏；仍不亮，表明远光指示灯线接点至变光开关之间导线断路。

3．近光灯不亮

（1）故障现象：近光灯不亮。

（2）故障原因：变光器损坏、线路断路或短路、灯丝烧断、灯

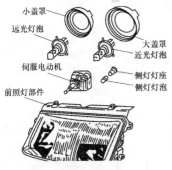

实训图 4.11

(2) 更换近光灯泡

① 拆下前照灯背面上大的罩盖。

② 拔出近光灯泡的插头，如实训图 4.12 所示。

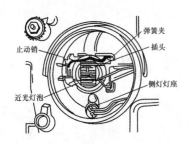

实训图 4.12

③ 在止动销上，旋压弹簧丝夹（弹簧丝 U 形螺栓），并且把它翻转到侧面。

④ 从反射罩中取出近光灯泡。

⑤ 用万用表检测近光灯泡，确认灯泡已坏。

⑥ 安装新的灯泡，使摩擦盘圆片上的止动销在反射罩上的凹槽中。

⑦ 在安装一只新的近光灯泡之后，应检查前照灯的调整角度。

(3) 更换远光灯泡或双灯丝灯泡

① 拆下前照灯背面上小罩盖。

② 拔出远光灯灯泡或双灯丝灯泡的插头，如

座接触不良。

(3) 故障诊断：将车灯开关打开，连接变光灯开关的"火线"接线柱和近光灯接线柱，若大灯亮，则为变光开关损坏；若仍不亮，为变光开关至线束导线断路或两近光灯丝烧坏。可在左或右接线板近光灯接线柱上用试灯检查：试灯亮，为近光灯丝烧坏；试灯不亮，为变光开关至线束导线断路。

4．小灯、尾灯和仪表灯均不亮

(1) 故障现象：灯光开关接至 1 挡时，小灯、尾灯和仪表灯均不亮。

(2) 故障原因：灯光开关损坏、线路断路、熔断器熔断、插接器松脱、灯炮灯丝断。

(3) 故障诊断：首先检查熔断器是否损坏。若损坏，更换熔断器后开灯检查熔断器是否再次熔断。若再次熔断，可能是线路或开关有短路故障，可采用断路检查法进行检查。若正常，可检查灯光开关相应的接线柱上的电压是否正常。若电压不正常，则可能是灯光开关相应的挡位损坏。若电压正常，则应检查相应的灯泡是否损坏。

实训图 4.13 所示。

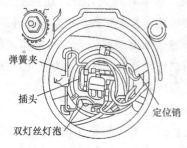

实训图 4.13

③ 经过止动销，旋压弹簧丝夹，并且把它翻转到侧面。
④ 从反射罩中取出远光灯泡或双灯丝灯泡。
⑤ 用万用表检测灯泡，确认灯泡已坏。
⑥ 换上新的灯泡，使摩擦盘圆片上的止动销位于反射罩上的凹槽中。

4. 回收工具，整理、清洁工作场所，认真执行 6S 管理。
"任务工作单"和"任务评价表"见附录。

【技术提示】

在安装灯泡时不要接触玻璃泡，手指在玻璃泡上会留下油腻痕迹，在接通灯泡时雾化，并且使玻璃泡模糊，缩短使用寿命。

任务 4.4 信号系统概述

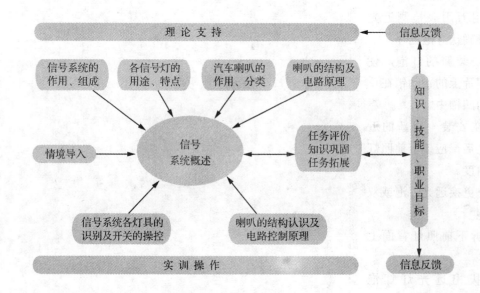

实训指导

实训 8 信号系统各灯具的识别及开关的操控

【实训准备】

1. 设备与器材：丰田轿车电路实训台。
2. 将"任务工作单4.4.1"分发给每位学生。

【实训目的】

1. 能够说出汽车信号系统的作用。
2. 能够说出汽车信号系统的组成。
3. 能够说出汽车信号系统各信号灯的用途、特点。
4. 能够正确识别汽车信号系统各灯具，并对各信号灯开关进行操控。

【实训步骤】

1. 按照下列要求对丰田轿车的电路实训台进行观察和操作练习，并将结果填写在"任务工作单4.4.1"的空格处。
2. 信号灯的识别、操控（分组练习）。

（1）每组3~4人在车内进行汽车信号系统各信号灯灯开关的操控练习，掌握各开关的操作方法。

（2）组内其余3~4人在车外观察汽车信号系统各信号灯在工作时的情况。

（3）每组在车内和车外的人员交换进行练习。

基础知识

4.4.1 信号系统的作用、组成

信号装置的作用是向他人或其他车辆发出警告和示意的信号。它主要包括位灯、示廓灯、挂车标志灯、转向信号灯、危险警告灯、制动信号灯、倒车信号灯、驻车灯及喇叭等，如图4.24所示。

图4.24 照明信号系统

4.4.2 各信号灯的用途、特点

（1）位灯：也叫小灯，装于汽车前、后部两侧，用于示意车辆的宽度和存在。可分为前位灯（又叫示宽灯，一般为白色或黄色）和后位灯（又叫尾灯，为红色）。

（2）示廓灯：车辆空载时，车高3 m米以上的客车和箱式货车用于显示车的轮廓。一般情况下，前两只为白色，后两只为红色。

（3）挂车标志灯：国家标准规定，全挂车应在挂车前部的左右各装一只红色标志灯，其高度应比全挂车的前挡板高出300~400 mm，距车厢外侧应小于150 mm。

（4）转向信号灯：一般为橙色或黄色。在汽车起步、转弯、超车、变更车道或路边停车时，表示汽车的趋向，提醒周围车辆和行人注意。

（5）危险警告灯：由转向灯兼任，在特殊情况下或发生故障时使用。

（6）制动信号灯：一般为红色，轿车还装有高位制动灯，以防止追尾事故的发生。

（7）倒车信号灯：倒车时，警示车后的行人和其他车辆注意。

（4）其他组按以上（1）～（3）方式轮流进行练习。

3. 单人练习。

按照下列要求对丰田轿车的电路实训台进行观察和操控练习，组长进行记录。

（1）一人在车内进行汽车信号系统各信号灯开关的操控练习。

（2）另一人在车外观察汽车信号系统各信号灯在工作时的情况。

（3）两人交换进行练习。

（4）按以上（1）～（3）方式每人轮流进行练习。

4. 完成"任务工作单"后，请同学回答相关问题，并相互纠正。

5. 回收工具，整理、清洁工作场所，认真执行6S管理。

"任务工作单"和"任务评价表"见附录。

【技术提示】

注意安全，规范操作。

实训9 电喇叭的结构认识及电路的控制原理

【实训准备】

1. 设备与器材：汽车电喇叭、喇叭继电器、工作台等。

2. 将"任务工作单4.4.2"分发给每位学生。

【实训目的】

1. 能够说出汽车喇叭

一般为白色。

（8）驻车灯：也叫停车示宽（廓）灯，用于夜间停车示意车辆位置。

（9）喇叭：用来警告行人和其他车辆，以引起注意，保证行车的安全。

4.4.3 各信号灯的结构及电路

1. 制动信号灯

制动信号灯安装在车辆尾部，通知后面的车辆该车正在制动，以避免后面的车辆与其后部相撞。其简化电路如图4.25所示。

图4.25 制动信号灯电路示意图

制动信号灯由制动开关控制，制动开关的形式有气压式、液压式和机械式，如图4.26、图4.27所示。

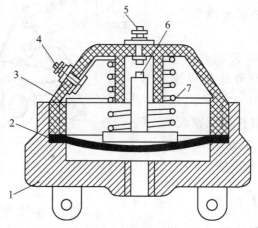

(a) 气压式制动信号灯开关

1—壳体；2—膜片；3—胶木盖；4、5—接线柱；
6—触点；7—弹簧

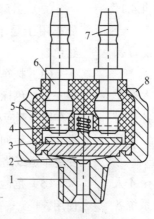

(b) 液压式制动信号灯开关

1—管接头；2—膜片；3—接触桥；4—弹簧；5—胶木底座；
6、7—接线柱及静触头；8—壳体

图4.26 气压式、液压式制动信号灯开关

的作用。

2．能够说出汽车喇叭的分类。

3．正确识别盆形电喇叭、继电器的结构。

4．能够说出盆形电喇叭控制电路的工作原理。

【实训步骤】

1．按照下列要求对汽车电喇叭、喇叭继电器的结构及控制电路进行观察练习并将结果填写在"任务工作单4.4.2"的空格处。

2．观察结构了解原理（分组练习）。

（1）1组观察汽车电喇叭、继电器的结构，知道各零部件名称。如图4.3、实训图4.14所示。

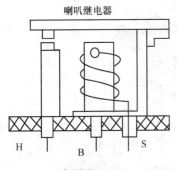

实训图4.14

（2）2组观察汽车电喇叭的控制电路并连接，了解其工作原理，如图4.32所示。

（3）1组和2组交换进行练习。

（4）其他组按以上（1）～（3）的方式轮流进行练习。

3．单人练习。

每次安排两人按照下列要求对汽车电喇叭、喇叭继电器的结构及控制电路进行

气压式和液压式制动开关通常用于载货汽车上，一般装在制动管路中，利用管路中的气压或液压使开关中两接线柱相连，从而导通制动信号灯的电路。机械式制动开关一般安装在制动踏板的下方。当踩下制动踏板时，制动开关内的活动触点使两个接线柱接通，制动灯亮。松开制动踏板后，断开制动灯电路。

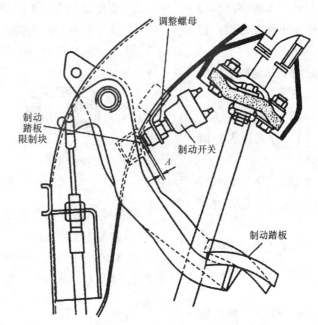

图4.27 机械式制动信号灯开关

2．倒车灯

倒车灯安装于车辆的尾部，给驾驶员提供额外照明，使其能够在夜间倒车时看清汽车的后部，也警告后面的车辆，该汽车驾驶员想要倒车或正在倒车。

如图4.28所示，倒车信号装置主要由倒车开关、倒车灯、倒车蜂鸣器等部件组成。

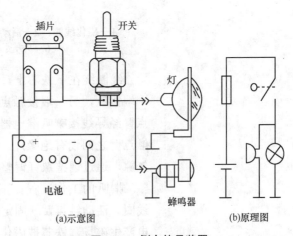

图4.28 倒车信号装置

其工作过程是：当变速杆挂入倒挡时，在拨叉轴的作用下，倒挡开关接通倒车报警器和倒车灯电路，倒车灯亮，同时倒车蜂鸣器

观察,并说出其工作原理的练习,组长进行记录。

(1)一人观察汽车电喇叭、继电器的结构,说出各零部件名称。

(2)另一人观察汽车电喇叭的控制电路并连接,说出其工作原理。

(3)两人交换进行练习。

(4)其他人员按以上(1)~(3)方式每人轮流进行练习。

4.完成"任务工作单",请同学回答相关问题,并相互纠正。

5.回收工具,整理、清洁工作场所,认真执行6S管理。

"任务工作单"和"任务评价表"见附录。

【技术提示】

规范操作、注意安全,不要损坏零件。

发出声响信号。

3.喇叭

汽车上都装有喇叭,用来警告行人和其他车辆,以引起注意,保证行车安全。

(1)喇叭的分类

①按发音动力的不同分为气喇叭和电喇叭。

②按外形不同分为盆形、筒形、螺旋形,如图4.29所示。

③按声频高低可分为高音和低音。

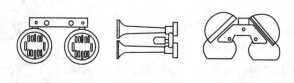

图4.29 喇叭外形

(2)喇叭的结构及电路

①盆形电喇叭。

图4.30所示为盆形电喇叭的结构。膜片、共鸣板、衔铁、上铁芯刚性相连为一体。当上铁芯被吸下,膜片被拉动产生变形,产生声音。

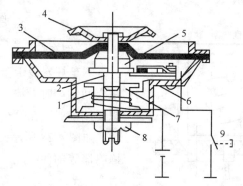

图4.30 盆形电喇叭
1—磁化线圈;2—活动铁芯;3—膜片;4—共鸣片;5—振动块;
6—外壳;7—铁芯;8—螺母;9—按钮

线圈绕在下铁芯上,通电时产生磁场,吸引上铁芯下移。线圈一端接铁,另一端接触点的活动触点臂;触点为常闭触点,固定触点臂经导线接喇叭继电器,活动触点臂与上铁芯相接。铁芯与活动触点臂之间设有绝缘片。铁芯可以旋入和旋出,它与上铁芯之间有气隙,通过调整螺钉调整改变气隙大小可改变音调。

喇叭的工作过程如下:按下喇叭按钮,电流经蓄电池"+"→线圈→活动触点臂→固定触点臂→喇叭按钮→蓄电池"-"。线圈通电产生磁场,铁芯被磁化,吸引上铁芯下移,膜片被拉动,产生响声。由于上铁芯下移,压迫活动触点臂,使触点张开,线圈断电,磁场消失,衔铁连同膜片回位,于是膜片产生第二次声响。如此周而复始。

② 筒形、螺旋形电喇叭。

图 4.31 所示为筒形、螺旋形电喇叭的结构。它主要由膜片、共鸣板、山形铁芯、线圈、衔铁、扬声筒、触点以及电容器等组成。膜片和共鸣板借中心杆与衔铁、调整螺母、锁紧螺母连成一体。

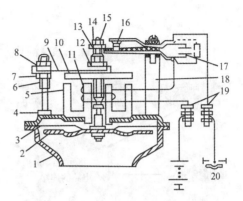

图 4.31 筒形、螺旋形电喇叭的结构
1—扬声器；2—共鸣板；3—膜片；4—底板；5—山形铁芯；
6—线螺柱；7、13—调整螺钉；8、12、14—锁紧螺母；
9—弹簧片；10—衔铁；11—线圈；15—中心杆；16—触点；
17—电容器；18—导线；19—接线柱；20—按钮

其工作过程如下：按钮闭合，电流经蓄电池"+"→线圈→活动触点臂→触点→固定触点臂→按钮→搭铁→蓄电池负极。线圈通电，铁芯产生吸力，吸引衔铁下移，膜片向下拱曲变形，与膜片一体的调整螺钉压下活动触点臂，触点张开，线圈断电，吸力消失。则膜片恢复原状，触点闭合。线圈再次通电产生吸力，膜片再次变形。膜片单位时间内变形的次数增大到一定值，则成为振动，由此产生声音。

（3）喇叭继电器

为了得到更加悦耳的声音，在汽车上常装有两个不同音调（高、低音）的喇叭。其中高音喇叭膜片厚，扬声筒短，低音喇叭则相反。有时甚至用三个（高、中、低）不同音调的喇叭。装用单只喇叭时，喇叭电流是直接由按钮控制的，按钮大多装在转向盘的中心。当汽车装用双喇叭时，因为消耗电流较大（喇叭继电器 15～20 A），用按钮直接控制时，按钮容易烧坏。为了避免这个缺点采用喇叭继电器。喇叭继电器的结构和接线方法如图 4.32 所示。

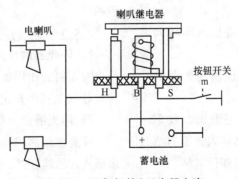

图 4.32 双音电喇叭继电器电路

任务 4.5 汽车转向电路的连接

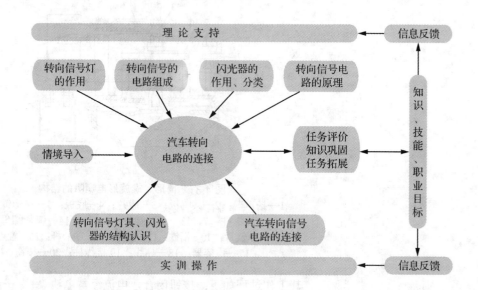

实训指导

实训 10　汽车转向信号灯具、闪光器的结构认识

【实训准备】

1. 设备与器材：转向信号灯具、闪光器、工作台等。
2. 将"任务工作单4.5.1"分发给每位学生。

【实训目的】

1. 能够说出汽车转向信号灯的作用。
2. 能够说出闪光器的作用、分类。
3. 能够正确识别汽车转向信号灯具和闪光器的结构，知道各零部件名称。
4. 能够说出电热丝式

基础知识

4.5.1　转向信号灯

当汽车要驶离原方向，需要接通左侧或右侧的转向信号灯，以提醒其他车辆的驾驶员及其行人的注意。

1. 转向信号灯的作用

转向信号灯的作用是指示车辆的转弯趋向，以引起交通民警、行人和其他驾驶员的注意，提高车辆行驶的安全性。当汽车转向灯同时闪烁时，表示车辆遇紧急情况，请求其他车辆避让。

2. 转向信号电路

转向信号电路主要由转向信号灯、闪光器、转向开关和转向指示灯组成（图4.33）。转向信号灯是通过转向灯的闪烁进行方向指示的。

4.5.2　闪光器

1. 闪光器的作用

闪光器的作用就是控制转向灯电路的通断，实现转向灯的闪烁。转向灯闪光频率规定为1.5 Hz。

2. 闪光器的分类

目前使用的闪光器主要有电热丝式、电容式、电子式、翼片式、水银式、晶体管式、集成电路式。由于电子式闪光器具有性能稳定、可靠性高、寿命长的特点，目前得到广泛应用。

闪光器的工作原理。

【实训步骤】

1．按照下列要求对汽车转向信号灯具和闪光器进行观察练习，并将结果填写在"任务工作单4.5.1"的空格处。

2．认识转向信号灯具、闪光器的结构（分组练习）。

（1）1组进行汽车转向信号灯具和闪光器结构的观察练习，知道各零部件名称。

（2）2组观察电热丝式闪光器的电路，理解其工作原理。

（3）1组和2组交换进行练习。

（4）其他组按以上（1）～（3）方式轮流进行练习。

3．单人练习

按照下列要求对汽车转向信号灯具和闪光器结构的观察练习，组长进行记录。

（1）一人进行汽车转向信号灯具和闪光器结构的观察练习，说出零部件名称。

（2）另一人观察电热丝式闪光器的电路，说出其工作原理。

（3）两人交换进行练习。

（4）按以上（1）～（3）方式每人轮流进行练习。

4．完成"任务工作单"后，请同学回答相关问题，并相互纠正。

5．回收工具，整理、

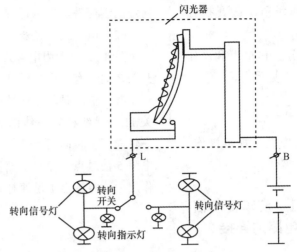

图4.33 转向信号电路的组成

（1）电热丝式闪光器

电热丝式闪光器是利用镍铬丝的热胀冷缩特性接通或断开转向灯电路，从而实现转向信号灯及转向指示灯的闪烁的。

图4.34所示为电热丝式闪光器的结构图。该闪光器主要由活动触点、感温镍铬电阻丝、固定触点、线圈、附加电阻等组成。当转向开关处于断开状态时，活动触点在感温镍铬丝（电加热丝）的拉力作用下处于张开状态，转向灯不通电，灯不亮。

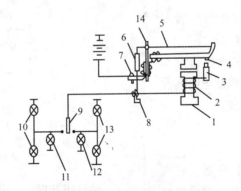

图4.34 电热丝式闪光器的结构图

1—铁芯；2—线圈；3—固定触点；4—活动触点；5—镍铬丝；6—附加电阻丝；7、8—接线柱；9—转向开关；10—左（前、后）转向灯；11—左转向指示灯；12—右转向指示灯；13—右（前、后）转向灯；14—调节片

当汽车转向时，拨动转向开关向欲转向一侧，如转向开关接通左转向瞬间，触点处于张开状态，电流经蓄电池"+"→附加电阻→加热丝→上触点臂→接线柱→转向开关→左转向灯→搭铁→蓄电池"−"。由于附加电阻和电加热丝串联在回路中，使电流较小，故转向灯不亮。经短时间的通电，电热丝发热膨胀，触点闭合。触点闭合后，电流经蓄电池"+"→接线柱7→触点→电磁线圈→弹簧片→接线柱8→转向开关→左转向灯电热丝被短路，且线圈中产生的电磁吸力使触点闭合得更紧，电路中电阻小，电流大，转向灯发出较强的光。此时，由于无电流流经电热丝而使其冷却收缩，打开触点，附加电阻和电热丝重新串入电路，灯光变暗。如此反复，转

清洁工作场所，认真执行6S管理。

"任务工作单"和"任务评价表"见附录。

【技术提示】

注意安全、规范操作，不要损坏零件。

实训11 汽车转向信号电路的连接

【实训准备】

1. 设备与器材：丰田轿车电路实训台、改刀、工作台等。

2. 将"任务工作单4.5.2"分发给每位学生。

【实训目的】

1. 能够说出汽车转向信号灯电路的组成。

2. 能够正确连接汽车转向信号灯的控制电路，并说出其工作原理。

【实训步骤】

1. 按照下列要求对汽车转向信号灯的控制电路进行观察练习，并将结果填写在"任务工作单4.5.2"的空格处。

2. 观察结构了解原理（分组练习）。

（1）1组观察汽车转向信号灯的控制电路并用粉笔在黑板上进行连接，理解其工作原理，如实训图4.15所示。

（2）2组观察丰田轿车电路实训台并连接导线，理解其工作原理。

向灯明暗交替，指示行驶方向。

（2）电容式闪光器

图4.35所示为电容式闪光器的结构，它串联在电源开关与转向开关之间，有两个接线柱（B，L），分别接电源开关和转向开关。

汽车转向时，接通转向开关8，电流经蓄电池"+"→电源开关11→接线柱B→线圈3→常闭触点1→接线柱L→转向灯开关→转向灯及转向指示灯→搭铁→蓄电池"-"。此时，线圈4、电容7、电阻5被触点1短路，而流经线圈3所引起的吸力大于弹簧片2的作用力，将触点1迅速打开，转向灯处于暗的状态。

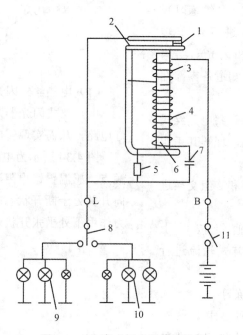

图4.35 电容式闪光器的结构图

1—触点；2—弹簧片；3—串联线圈；4—并联线圈；5—灭弧电阻；6—铁芯；7—电解电容器；8—转向灯开关；8—左转向信号灯及指示灯；10—右转向信号灯及指示灯；11—电源开关

触点张开后，蓄电池开始向电容器充电，其回路为：蓄电池"+"→电源开关11→接线柱B→线圈3→线圈4→电容7→转向灯开关8→转向灯及转向指示灯→搭铁→蓄电池"-"。由于线圈的电阻较大，充电电流较小，仍不足以使转向灯亮；但是，线圈3和线圈4产生的电磁吸力方向相同，使触点保持张开状态。随着电容器两端电压升高，充电电流逐渐减小，电磁吸力也减小，在弹簧片作用下，触点1闭合。

触点闭合后，电源通过线圈3、触点1，经转向开关8向转向灯供电，电容器经线圈4、触点1放电。由于此时线圈3和线圈4方向相反，产生的电磁吸力减小，不足以使触点1打开，此时转向灯亮。

随着电容器两端电压下降，流经线圈4的电流减小，产生的退磁作用减弱，线圈3产生的电磁吸力又将触点1断开，转向灯变暗。蓄电池再次向电容器充电。如此反复，使转向灯以一定的频率闪烁。

（3）电子式闪光器

电子式闪光器可分为触点式（带继电器）和无触点式（不带继

电器）。

图 4.36 所示为带继电器触点式晶体管闪光器。当接通电源开关和转向灯开关后，转向灯开关闭合，电流经蓄电池"+"→电源开关 SW→接线柱 B→电阻 R_1→继电器 J 常闭触点→接线柱 S→转向开关→转向灯及转向指示灯→搭铁→蓄电池"−"。转向灯亮。转向开关闭合，加在三极管上的电压为正向电压，三极管导通，电流经三极管的集电极与发射极、继电器线圈搭铁。继电器线圈通电，常闭触点由闭合状态变为断开状态，转向灯处于暗的状态。

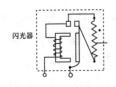

实训图 4.15

（3）1 组和 2 组交换进行练习。

（4）其他组按以上（1）～（3）的方式轮流进行练习。

3．单人练习。

每次安排两人按照下列要求对汽车转向信号灯的控制电路进行观察和操作练习，并说出其工作原理，组长进行记录。

（1）一人观察汽车转向信号灯的控制电路并用粉笔在黑板上进行连接，说出其工作原理。

（2）另一人观察丰田轿车电路实训台并连接导线，说出其工作原理。

（3）两人交换进行练习。

（4）其他人员按以上（1）～（3）方式每人轮流进行练习。

4．完成"任务工作单"，请同学回答相关问题，并相互纠正。

5．回收工具，整理、清洁工作场所，认真执行 6S 管理。

"任务工作单"和"任务评价表"见附录。

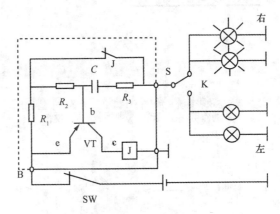

图 4.36 带继电器触点式晶体管闪光器

与此同时，蓄电池经电阻三极管基极向电容充电。电流流向为蓄电池"+"→电源开关→接线柱 B→三极管的发射极→电容器→电阻 R_3→接线柱→转向开关、右转向灯。电容充满电后，三极管的基极电位升高，则三极管截止，继电器断电，触点又变为闭合，转向灯重新点亮。即继电器的触点闭合时，转向灯亮，触点断开时，转向灯熄灭，而触点的闭合与否取决于三极管的导通状态，电容 C 的充放电使三极管反复导通和截止，由此使得触点时通、时断，转向灯闪烁发光。

图 4.37 所示为不带继电器无触点式晶体管闪光器。无触点式晶体管闪光器是以晶体管为主体组成的无稳多谐振荡器，其工作原理如图所示。由三极管 T_1，T_2，电阻 R_1，R_2，R_3，R_4，电容 C_1，C_2 组成无稳多谐振器，三极管 T_3 起开关作用。

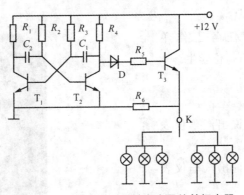

图 4.37 不带继电器无触点式晶体管闪光器

【技术提示】

注意安全、规范操作,不要损坏零件。

当汽车转变时,只要接通转向灯开关 K,闪光器就会以一定的频率控制转向灯闪光。其闪光频率由 C_1、R_2、C_2、R_3 决定,通常 $C_1=C_2$,$R_2=R_3$,闪光频率一般为 60～70 次/分,亮灭时间比为 1：1。这种闪光器体积小,容易集成,工作稳定,使用寿命长。

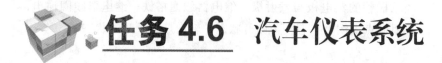

任务 4.6　汽车仪表系统

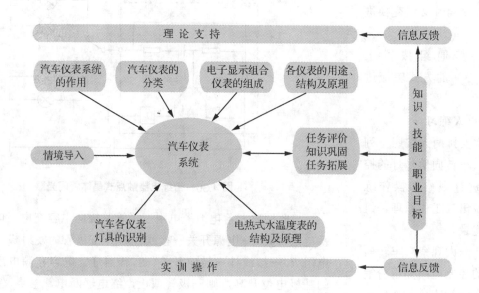

实训指导

实训 12　汽车各仪表灯的识别和操控

【实训准备】

1．设备与器材：丰田轿车电路实训台。

2．将"任务工作单 4.6.1"分发给每位学生。

【实训目的】

1．能够说出汽车仪表系统的作用。

2．能够说出汽车仪表的分类。

3．能够说出电子显示

基础知识

4.6.1　仪表系统概述

1．汽车仪表系统的作用

为了使驾驶员随时掌握车辆的各种状况,并能及时发现和排除潜在的故障,在驾驶员座位前方的仪表板上装有各种测量仪表。一般计量、测量仪表及报警指示灯在仪表板上的布置如图 4.38、图 4.39 所示。

图 4.38　仪表板总成

组合仪表的组成。

4．能够正确识别汽车仪表系统各灯具，说出各灯具的名称、用途和特点。

【实训步骤】

1．按照下列要求对丰田轿车的电路实训台进行观察和操作练习，并将结果填写在"任务工作单4.6.1"的空格处。

2．仪表灯的识别和操控（分组练习）。

（1）每组3～4人在车内进行汽车仪表系统各仪表灯的观察和操控练习，掌握各开关的操作方法，知道各仪表灯的名称、用途及特点。

（2）组内其余3～4人在车外观察汽车各照明、信号灯在工作时的情况。

（3）每组在车内和车外的人员交换进行练习。

（4）其他组按以上（1）～（3）方式轮流进行练习。

3．单人练习。

按照下列要求对丰田轿车的电路实训台进行观察和操控练习，组长进行记录。

（1）一人在车内进行汽车仪表系统各仪表灯的观察和操控练习。

（2）另一人在车外观察汽车各照明、信号灯在工作时的情况。

（3）两人交换进行练习。

（4）按以上（1）～（3）方式每人轮流进行练习。

4．完成"任务工作单"后，请同学回答相关问题，

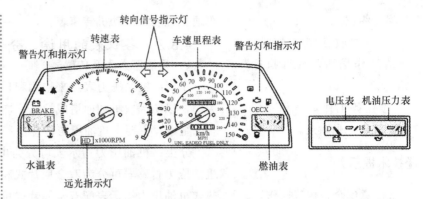

图4.39 仪表总成

传统仪表为驾驶员提供的信息远远不能满足现代汽车新技术的发展要求，所以电子显示组合仪表逐渐成为汽车仪表发展的主流。它相对于传统仪表具有易于辨认、精确度高、可靠性好及显示模式的自由化等特点，能够利用各种传感器传来的信号并根据这些信号进行计算，以确定车辆的行驶速度、发动机速度、发动机冷却液温度、燃油量及车辆其他情况的测量数据，并将这些数据以数字或条形图形式显示出来，如图4.40所示。

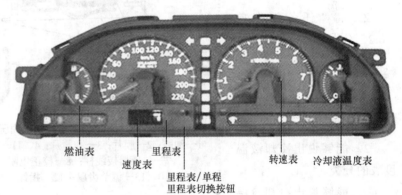

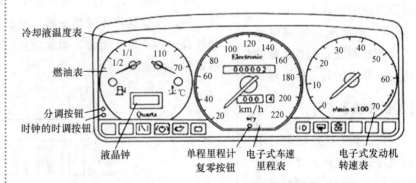

图4.40 电子组合式仪表的结构

电子显示组合仪表的结构主要包括数字式仪表计算机、车速传感器、燃油油位标尺转换开关、短程控制开关、里程表等元件，这些元件与真空荧光显示器构成了一个整体。

2．汽车仪表的分类

（1）按显示方式不同分为：指针式仪表和数显式仪表。

（2）按用途不同分为：机油压力表、冷却液温度表、燃油表、

并相互纠正。

5. 回收工具，整理、清洁工作场所，认真执行6S管理。

"任务工作单"和"任务评价表"见附录。

【技术提示】

注意安全，规范操作。

实训13　电热式水温表的结构及原理

【实训准备】

1. 设备与器材：电热式水温表、传感器、工作台等。

2. 将"任务工作单4.6.2"分发给每位学生。

【实训目的】

1. 能够说出冷却液温度表的作用。

2. 能够说出冷却液温度表的分类。

3. 能够说出冷却液温度表传感器的分类。

4. 能够正确识别电热式冷却液温度表和传感器的结构，并说出其工作原理。

【实训步骤】

1. 按照下列要求对电热式冷却液温度表和传感器的结构及控制电路进行观察练习，并将结果填写在"任务工作单4.6.2"的空格处。

2. 观察结构了解原理（分组练习）。

（1）1组观察电热式冷却液温度表和传感器的结构，了解各零部件名称，如

车速里程表、发动机转速表。

4.6.2　各仪表的用途、分类、结构及原理

1. 机油压力表及传感器

作用：机油压力表用来检测和显示发动机主油道的机油压力的大小，以防因缺机油而造成拉缸、烧瓦的重大故障发生。

组成：主要由机油压力传感器和机油压力指示表两部分组成。

分类：机油压力指示表可分为电热式、电磁式和弹簧式三种。机油压力传感器可分为双金属片式和可变电阻式两种。常用的是电热式机油压力指示表配双金属片式机油压力传感器，而电磁式机油压力指示表配可变电阻式机油压力传感器。

电热式机油压力表也称双金属片式机油压力表，其与电热式传感器的基本结构如图4.41所示。

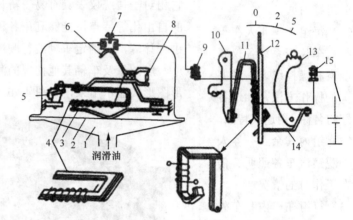

图4.41　电热式机油压力表与电热式传感器

1—油腔；2—膜片；3—弹簧片；4、11—双金属片；5—调节齿轮；6—接触片；7—传感器接线柱；8—校正电阻；9—机油压力表传感器接线柱；10、13—调节齿扇；12—指针；14—弹簧片；15—压力表接线柱

其工作原理：当点火开关置ON时，电流流过双金属片4的加热线圈，双金属片4受热变形，使触点分开；随后双金属片4又冷却伸直，触点重新闭合。如此反复，电路中形成一脉冲电流，其波形如图4.42所示。

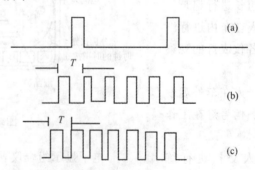

(a) 油压为0, f=15 次/min, I=0.06 A
(b) 油压为0.2 MPa, f=70 次/min, I=0.17 A
(c) 油压为0.5 MPa, f=125 次/min, I=0.24 A

图4.42　电热式机油压力表加热线圈中电流的波形图

当油压降低时，传感器膜片2变形小，触点压力小，闭合时间短，

图 4.43 所示。

（2）2 组观察电热式冷却液温度表的控制电路，理解其工作原理，如图 4.43 所示。

（3）1 组和 2 组交换进行练习。

（4）其他组按以上（1）～（3）的方式轮流进行练习。

3．单人练习。

每次安排两人按照下列要求对电热式冷却液温度表和传感器的结构及控制电路进行观察练习，并说出各零部件名称和控制电路的工作原理，组长进行记录。

（1）一人观察电热式冷却液温度表和传感器的结构，说出各零部件名称。

（2）另一人观察电热式冷却液温度表的控制电路，说出其工作原理。

（3）两人交换进行练习。

（4）其他人员按以上（1）～（3）方式每人轮流进行练习。

4．完成"任务工作单"，请同学回答相关问题，并相互纠正。

5．回收工具，整理、清洁工作场所，认真执行 6S 管理。

"任务工作单"和"任务评价表"见附录。

【技术提示】

注意安全、规范操作，不要损坏零件。

打开时间长，变化频率低，电路中平均电流小，双金属片 11 弯曲变形小，指针偏摆角度小，指向低油压；反之，当油压升高时，指针偏摆角度大，指向高油压。

使用注意事项：在安装传感器时，必须使传感器外壳上的箭头（安装记号）向上，不应偏出垂直位置 30°。发动机低速运转时，机油压力不应小于 0.15 MPa，发动机高速运转时，机油压力不应超过 0.5 MPa。正常压力应为 0.2～0.4 MPa。

2．冷却液温度表及传感器

冷却温度表又叫"水温表"，其作用是检测和显示发动机水套中冷却液的工作温度，以防发动机过热。

分类：冷却液温度指示表可分为电热式、电磁式和动磁式三种，冷却液温度传感器可分为双金属片式和热敏电阻式两种。常用的是电热式冷却液温度指示表配双金属片式传感器、电热式冷却液温度指示表配热敏电阻式传感器和电磁式冷却液温度指示表配热敏电阻式传感器三种。

（1）电热式冷却液温度表与双金属片式传感器

如图 4.43 所示，电热式冷却液温度表与双金属片式传感器主要由双金属片、指针、弹簧片、调整齿扇、传感器等组成。

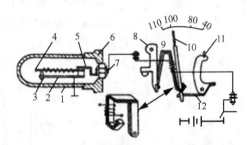

图 4.43　电热式冷却液温度表与双金属片式传感器
1—铜壳；2—底板；3—固定触点；4、9—双金属片；5—接触片；6—壳；
7—接线柱；8、11—调整齿扇；10—指针；12—弹簧

工作原理：点火开关置 ON 时，电流经蓄电池"+"→点火开关→接线柱→温度表加热线圈→接线柱→传感器加热线圈→触点→搭铁→蓄电池"−"。

当冷却液温度较低时，双金属片在冷却液的作用下，变形小，触点压力大，闭合时间长，打开时间短，流过指示表加热线圈的电流平均值大，指示表的双金属片变形大，指针偏摆角度大，指向低温。反之，当水温较高时，传感器中双金属片向上翘曲变形大，触点压力小，闭合时间短，打开时间长，电路中电流的平均值小，指示表的双金属片变形小，指针偏摆角度小，指向高温。

（2）电磁式冷却液温度表与热敏电阻式温度传感器

图 4.44 所示为电磁式冷却液温度与热敏电阻传感器的结构。线圈 1 与线圈 2 并联，但线圈 1 直接搭铁，线圈 2 通过热敏电阻后搭铁。

工作原理：当点火开关置 ON 时，左、右两线圈通电，各形成一个磁场，同时作用于软铁转子，转子便在合成磁场的作用下转动，使指针指在某一刻度上。

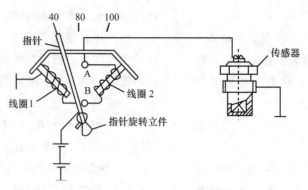

图4.44 电磁式冷却液温度表与热敏电阻式传感器

当冷却液温度较低时,传感器热敏电阻阻值大,线圈2中电流变小,合成磁场逆时针转动,使指针指在低温处;反之,当冷却液温度升高时,传感器热敏电阻阻值减小,线圈2中电流增大,合成磁场顺时针转动,使指针指在高温处。指示位置为冷却液的最小值。

3. 燃油表及传感器

作用:燃油表用来指示燃油箱内燃油的储存量。

分类:电磁式、电热式和动磁式。传感器均为可变电阻式。

图4.45所示为电磁式燃油表与可变电阻式传感器的结构。线圈1串联在电源与传感器之间,线圈2与传感器并联。传感器由电阻、滑杆、浮子组成。

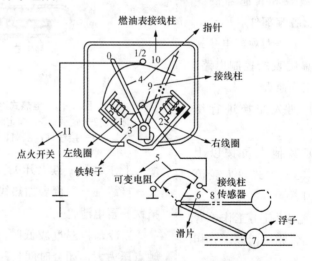

图4.45 电磁式燃油表与可变电阻式传感器

工作原理:当点火开关置ON时,电流由蓄电池正极→点火开关11→燃油表接线柱10→左线圈1→接线柱9→右线圈2→搭铁→蓄电池负极。

同时电流由接线柱9→传感器接线柱8→可变电阻5→滑片6→搭铁→蓄电池负极。

左线圈1和右线圈2形成合成磁场,转子3就在合成磁场的作用下转动,使指针指在某一刻度上。当油箱无油时,浮子下沉,可变电阻5上的滑片6移至最右端,可变电阻5被短路,右线圈2也被短路,左线圈1的电流达最大值,产生的电磁吸力最强,吸引转子 3，使指针停在最左面的"0"位上。

随着油箱中油量的增加，浮子上浮，带动滑片 6 沿可变电阻滑动。可变电阻 5 部分接入电路，左线圈 1 电流相应减小，而右线圈 2 中电流增大。转子 3 在合成磁场的作用下向右偏转，带动指针指示油箱中的燃油量。如果油箱半满，指针指在"1/2"位；当油箱全满时，指针指在"1"位。

4．车速里程表

作用：车速里程表是用来指示汽车行驶速度和累计行驶里程数的仪表。由车速表和里程表两部分组成。

分类：磁感应式、电子式。

（1）磁感应式车速里程表

磁感应式车速里程表由变速器（或分动器）内的蜗轮蜗杆经软轴驱动。其基本结构如图 4.46 所示。

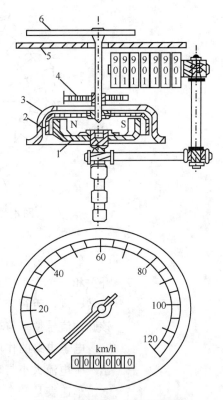

图 4.46　磁感应式车速里程表
1—永久磁性；2—铝碗；3—磁屏；4—盘形弹簧；5—刻度盘；6—指针

车速表是由与主动轴紧固在一起的永久磁铁 1，带软轴及指针 6 的铝碗 2，磁屏 3 和紧固在车速里程表外壳上的刻度盘 5 等组成。里程表由蜗轮蜗杆机构和六位数字的十进位数字轮组成。

车速表的工作原理是：不工作时，铝碗 2 在盘形弹簧 4 的作用下，使指针指在刻度盘的零位。当汽车行驶时，主动轴带着永久磁铁 1 旋转，永久磁铁的磁力线穿过铝碗 2，在铝碗 2 上感应出蜗流，铝碗在电磁转矩作用下克服盘形弹簧的弹力，向永久磁铁 1 转动的方向旋转，直至与盘形弹簧弹力相平衡。由于蜗流的强弱与车速成正比，指针转过角度与车速成正比，指针便在刻度盘上指示出相应的车速。

里程表工作原理是：汽车行驶时，软轴带动主动轴，主动轴经三对蜗轮蜗杆（或一套蜗轮蜗杆和一套减速齿轮系）驱动里程表最右边的第一数字轮。第一数字轮上的数字为 1/10 km，每两个相邻的数字轮之间的传动比为 1∶10。即当第一数字轮转动一周，数字由 9 翻转到 0 时，便使相邻的左面第二数字轮转动 1/10 周，呈十进位递增。这样汽车行驶时，就可累计出其行驶里程数，最大读数为 99 999.9 km。

（2）电子式车速里程表

电子式车速里程表主要由车速传感器、电子电路、车速表和里程表四部分组成，图 4.47 所示为奥迪 100 型轿车的电子式车速里程表。

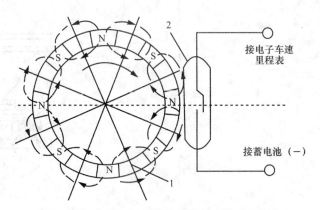

图 4.47　奥迪 100 型轿车的电子式车速里程表
1—塑料环；2—舌簧开关管

车速传感器的作用是产生正比于车速的电信号。它由一个舌簧开关和一个含有四对磁极的转子组成。变速器驱动转子旋转，转子每转一周，舌簧开关中的触点闭合、打开八次，产生八个脉冲信号，该脉冲信号频率与车速成正比。

电子电路的作用是将车速传感器送来的电信号整形、触发，输出一个电流大小与车速成正比的电流信号。

车速表是一个电磁式电流表，当汽车以不同车速行驶时，从电子电路输出的与车速成正比的电流信号便驱动车速表指针偏转，即可指示相应的车速。

里程表由一个步进电动机和六位数字的十进位数字轮组成。车速传感器输出的信号，经 64 分频后，再经功率放大器放大到足够的功率，驱动步进电动机，带动数字轮转动，从而记录行驶的里程。

5．发动机转速表

为检查、监视发动机的工作情况，使驾驶员正确地选择换挡时机，不少汽车的仪表板上装有发动机转速表。转速表用于指示发动机的运转速度。

常用的转速表有机械传动磁感应式转速表和电动感应式转速表两种。

机械传动磁感应式转速表的结构和工作原理与上述磁感应式车速表基本相同。电子式转速表获取转速信号的方式有三种，即取自点火系统、发动机的转速传感器和发电机。

4.6.3 仪表辅助装置

1．短程复位开关

此开关与短程里程表配合使用。按下该复位开关，便接通了复位开关的触点，让相应的端子搭铁，从而将目前显示的数据复位归零。松开复位开关，各触点便会断开，短程里程表重新开始计算距离。

2．短程模式转换开关

此开关也是与短程里程表配合使用的。按下模式转换开关（A/B）便可接通该开关的触点，使相应的端子搭铁，从而将 A 模式转换为 B 模式或从 B 模式转换为 A 模式（放开模式转换开关时，各触点断开）。在某些国家使用的车辆上，英里/公里转换开关安装在双制式短程里程表内，按下转换开关，便可将短程表上的英里显示变成公里显示。转换开关与车速里程表的显示器连接在一起。

3．自动变速器（A/T）指示灯

当点火开关拧至 ON 位置，12 V 的电压信号便输入到 A14～A19 的某个端子，计算机收到空挡启动开关输入的挡位信号后，使真空荧光显示器上相应的位置发光度为 100%。当输入断路信号时，使真空荧光显示器显示 PWR 字样。

4．亮度控制器

变阻器旋钮如图 4.48 所示，转动旋钮，便可降低车速表、短程里程表、燃油表、水温表和挡位指示灯的真空荧光显示器的亮度。

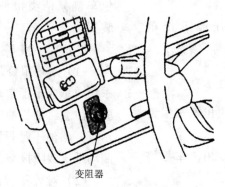

图 4.48　变阻器旋钮

变阻器有两种类型，一种是在尾灯断开之后，仍可改变显示器亮度；另一种只有在尾灯接通后才能改变显示器亮度。

任务 4.7 汽车报警装置简介

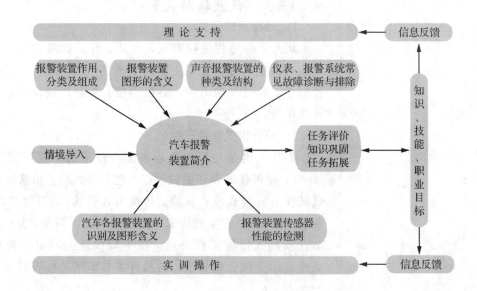

实训指导

实训 14　汽车各报警装置的识别及图形含义

【实训准备】

1. 设备与器材：丰田轿车电路实训台。

2. 将"任务工作单 4.7.1"分发给每位学生。

【实训目的】

1. 能够说出汽车报警装置的作用。

2. 能够说出汽车报警装置的分类。

3. 能够说出汽车各报警装置图形的含义。

4. 能够正确识别和操控汽车报警装置，说出各报警装置的名称、用途和

基础知识

4.7.1　报警装置的作用

报警装置的作用是为了指示汽车某系统的工作状况，引起车外行人及车辆或本驾驶员的注意，保证行车安全，防止事故发生。

4.7.2　报警装置的分类

报警装置一般分为对内（车辆驾驶员）和对外（行人及其他车辆）两类报警装置。主要有灯光报警装置和声音信号报警装置。

4.7.3　报警装置的组成

（1）对内报警装置通常由报警灯和报警开关组成，当被监测的系统或总成不正常时，开关自动接通而使指示灯发亮，用以提醒驾驶员注意。如机油压力报警灯、车门未关好报警、制动液压不足指示灯、燃油不足报警灯、发动机故障指示灯、变速器故障指示灯、制动系统故障报警、防盗报警等。

（2）对外报警装置通常有危险报警闪光装置、转向蜂鸣器、倒车报警蜂鸣器、汽车防撞报警、座椅安全带报警、前照灯未关及点火钥匙未拔报警系统等。一般都带有声音信号或同时有灯光信号。

4.7.4　灯光报警装置

报警灯通常安装在驾驶室内仪表板上，功率为 1～3 W。在灯

特点。

【实训步骤】

1. 按照下列要求对丰田轿车的电路实训台进行观察和操作练习,并将结果填写在"任务工作单 4.7.1"的空格处。

2. 报警装置的识别和操控(分组练习)。

(1) 1 组安排 3～4 人在车内进行汽车各报警装置的观察和操控练习,掌握各开关的操作方法,知道各报警装置的名称、用途及特点。

(2) 1 组其余 3～4 人在车外观察汽车外部各报警装置在工作时的情况。

(3) 每组在车内和车外的人员交换进行练习。

(4) 其他组按以上(1)～(3)方式轮流进行练习。

(5) 2 组观察电脑或黑板上各报警装置的图形,了解汽车各报警装置图形的含义,如图 4.49 所示。

(6) 1 组和 2 组按以上(1)～(5)的方式交换进行练习。

3. 单人练习。

按照下列要求对丰田轿车的电路实训台进行观察和操控练习,组长进行记录。

(1) 一人在车内进行汽车各报警装置的观察和操控练习。

(2) 第二人在车外观察汽车外部各报警装置在工作时的情况。

(3) 两人交换进行练习。

泡前有滤光片,以使灯泡发黄或发红。滤光片上常刻有图形符号,以显示其功能,其含义如图 4.50 所示。

燃油	(水)温度	油压	充电指示	转向指示灯	远光
近光	雾灯	手制动	制动失效	安全带	油温
示廓(宽)灯	真空度	驱动指示	发动机室	行李室	停车灯
危险报警	风窗除霜	风机	刮水/喷水器	刮水器	喷水器
车灯开关	阻风门	喇叭	点烟器	后刮水器	后喷水器

图 4.49 常见报警装置图形符号及含义

一般报警灯和报警灯开关串联后接入电路,报警灯开关监视相应值,并按照设定条件动作,使得报警电路接通,报警灯点亮。其基本电路如图 4.50 所示。

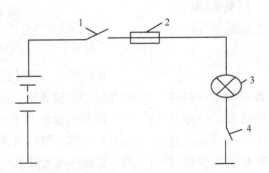

图 4.50 报警灯电路
1—电源开关;1—熔断丝;3—报警灯;4—报警开关

(1) 油压报警灯

机油压力是否正常,直接影响汽车的使用性能与工作的可靠性,因此许多车辆设置了油压报警灯,用于提醒驾驶员注意发动机的机油压力是否异常。

机油压力警报装置的报警开关一般装在主油道上。有弹簧管式油压报警灯开关和膜片式油压报警灯开关。图 4.51 所示为弹簧管式油压报警开关的结构。

报警开关为盒式,内有一管形弹簧,一端与接头相连,另一端与动触点相连,静触点经接触片与接线柱相连。当机油压力低于 0.05 MPa 时,管形弹簧变形小,动触点和静触点闭合,电路接通,警告灯亮。当机油压力高于 0.05 MPa 时,管形弹簧变形较大,动触点和静触点分开,电路断开,警告灯熄灭。

（4）第一人和第二人交换进行练习。

（5）第三人观察电脑或黑板上各报警装置的图形，说出汽车各报警装置图形的含义。

（6）按以上（1）～（5）方式每人轮流进行练习。

4．完成"任务工作单"后，请同学回答相关问题，并相互纠正。

5．回收工具，整理、清洁工作场所，认真执行6S管理。

"任务工作单"和"任务评价表"见附录。

【技术提示】

注意安全，规范操作。

实训15 报警装置传感器性能的检测

【实训准备】

1．设备与器材：机油压力报警传感器、冷却液温度过高报警传感器、热敏电阻式燃油量报警传感器、制动液面过低报警传感器、水盆、温度计、试灯等。

2．将"任务工作单4.7.2"分发给每位学生。

【实训目的】

1．能够说出冷却液温度表的作用。

2．能够说出冷却液温度表的分类。

3．能够说出冷却液温度表传感器的分类。

4．能够正确识别电

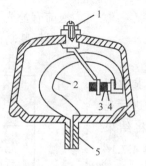

图4.51 弹簧管式油压报警开关
1—接线柱；2—管形弹簧；3—静触点；4—动触点；5—管接头

（2）冷却液温度报警灯

冷却液温度报警灯的作用是：当发动机冷却液温度升高至一定限度时，报警灯自动点亮，以示报警。冷却液温度警告灯的通断由温度开关控制，其工作原理如图4.52所示。

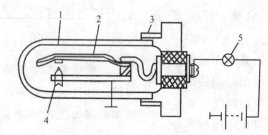

图4.52 冷却液温度报警灯电路
1—冷却液温度报警传感器套筒；2—双金属片；3—螺纹接头；
4—静触点；5—报警灯

在传感器的密封套管内装有条形双金属片，自由端焊有动触点，而静触点直接搭铁。当冷却液温度低于98 ℃时，双金属片上的触点与静触点保持分离状态，警告灯不亮；当温度升高至限定值时，由于双金属片膨胀系数的不同，向静触点方向弯曲，一旦两触点接触，便接通报警灯电路，红色报警灯点亮。

（3）燃油量报警灯

当燃油箱内的燃油减少到某一限定值时，为了告知驾驶员，引起注意，在许多车辆上都装有燃油量报警灯。

该装置由负温度系数热敏电阻式燃油量报警传感器和报警灯组成，如图4.53所示。

当油箱内燃油量充足时，热敏电阻元件浸没在燃油中散热较快，其温度较低，电阻值相应大，故此电路中的电流较小，报警灯处于熄灭状态；当燃油不足时，热敏电阻元件露出油面，散热慢，温度升高，报警灯因此点亮，以示报警。

（4）制动液液面报警灯

制动液液面报警灯的传感器安装于制动主缸的储液罐内，其结构如图4.54所示。在传感器的外壳内装有舌簧开关，开关的两个接线柱与液面报警灯及电源相连接，浮子上固装有永久磁铁。当浮子随制动液面下降至规定值以下时，永久磁铁的电磁吸力使得舌簧

热式冷却液温度表和传感器的结构,并说出其工作原理。

【实训步骤】

1. 按照下列要求用试灯分别对机油压力报警传感器、冷却液温度过高报警传感器、热敏电阻式燃油量报警传感器、制动液面过低报警传感器进行检测练习,并将结果填写在"任务工作单4.7.2"的空格处。

2. 报警装置的性能检测(分组练习)。

以组为单位按照下列要求用试灯分别对机油压力报警传感器、冷却液温度过高报警传感器、热敏电阻式燃油量报警传感器、制动液面过低报警传感器进行检测练习,并对其传感器的性能做出判断,组长进行记录,如实训图4.16所示。

传感器名称	检测条件	试灯工作情况	性能判断
机油压力报警传感器	自然状态		
	通入0.2 MPa气压		
冷却液温度过高报警传感器	常温自然状态		
	加热温度大于105 ℃		
热敏电阻式燃油量报警传感器	自然状态		
	浸在水中		
制动液面过低报警传感器	浮子远离舌簧开关		
	浮子靠近舌簧开关		

实训图4.16

开关闭合,接通报警灯电路,发出报警;当制动液液面在限定值以上时,浮子上升,由于吸力减弱,舌簧开关在自身弹力作用下,断开报警灯电路。

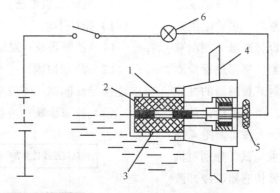

图4.53 燃油量报警灯电路图
1—外壳;2—防爆用金属网;3—热敏电阻元件;4—油箱外壳;
5—接线柱;6—报警灯

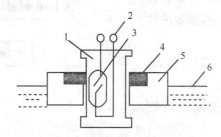

图4.54 制动液液面传感器
1—外壳;2—接线柱;3—舌簧开关;4—永久磁铁;5—浮子;6—液面

4.7.5 声音报警装置

(1)倒车蜂鸣器

汽车倒车时,为了警告车后的行人和车辆驾驶员,在汽车的后部常装有倒车灯、倒车蜂鸣器或语音倒车报警装置。当把变速杆挂到倒挡时,倒车灯、倒车蜂鸣器或语音倒车报警器便与电源接通,使倒车灯发出闪烁信号、蜂鸣器发出断续鸣叫声,语音倒车报警器发出"倒车,请注意"的提示音。

(2)座椅安全带报警系统

当接通点火开关而没有扣紧座椅安全带时,座椅安全带报警系统蜂鸣器发出报警声响并点亮报警灯约8 s。当座椅安全带被扣紧时,报警解除。

(3)前照灯未关及点火钥匙未拔报警系统

如果驾驶员打开车门时没有关闭前照灯,蜂鸣器或发音器便发出鸣叫提示。直到前照灯关闭或驾驶员边门关闭才停止。

(4)防撞系统报警

为了提高行车安全,保护车辆及乘员,现代汽车装备了防撞系统。按照距离识别元件的不同,有红外线防撞系统、超声波防撞系统、激光防撞系统等。它们能够自动检测并跟踪被测车辆与障碍物的距离,一旦该距离达到安全设置的极限距离时,便

3. 单人练习。

每次安排两人按照下列要求用试灯分别对机油压力报警传感器、冷却液温度过高报警传感器、热敏电阻式燃油量报警传感器、制动液面过低报警传感器进行检测练习，并对其传感器的性能做出判断，组长进行记录。

（1）一人按实训图4.16所示的要求用试灯分别对机油压力报警传感器、冷却液温度过高报警传感器、热敏电阻式燃油量报警传感器、制动液面过低报警传感器进行检测，并对其传感器的性能做出判断。

（2）另一人将各传感器检测的结果记录下来。

（3）两人交换进行练习。

（4）其他人员按以上（1）～（3）方式每人轮流进行练习。

4. 完成"任务工作单"，请同学回答相关问题，并相互纠正。

5. 回收工具，整理、清洁工作场所，认真执行6S管理。

"任务工作单"和"任务评价表"见附录。

【技术提示】

注意安全、规范操作，不要损坏试灯和传感器等。

通过控制发出报警声音信号，并自动刹车，使车辆减速行驶乃至停车。

4.7.6 仪表与报警系统常见故障的诊断与排除

1. 电热式机油压力表的故障诊断

1）指针不动

（1）故障现象：发动机在各种转速时，机油压力表均无指示值。

（2）故障原因：①机油压力表故障；②机油压力传感器故障；③连接导线断路；④发动机润滑系统有故障。

（3）故障诊断：可按图4.55所示步骤进行检查。

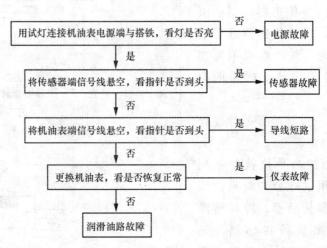

图4.55 指针不动故障诊断

2）发动机未启动指针就动

（1）现象：接通点火开关，发动机未启动，机油压力表指针即开始移动。

（2）原因：①机油压力表故障；②机油压力传感器故障；③压力表至传感器间的导线搭铁。

（3）诊断：可按图4.56所示步骤进行检查。

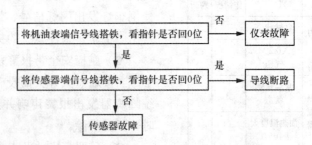

图4.56 发动机未启动指针就动故障诊断

2. 电磁式冷却液温度表的故障诊断

1）指针不动

（1）现象：点火开关置ON，指针不动。

（2）原因：①冷却液温度表电源线断路；②冷却液温度表故障；③传感器故障；④温度表至传感器的导线断路。

（3）诊断：可按图4.57所示步骤进行检查。

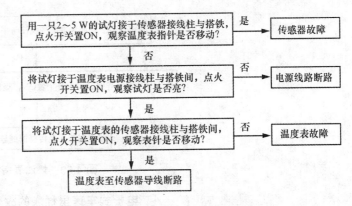

图 4.57 指针不动故障诊断

2）指针指向最大值不变

（1）现象：接通点火开关后，温度表指针即指向最高温度。

（2）原因：①温度表至传感器导线搭铁；②传感器内部搭铁。

（3）诊断：可按图 4.58 所示步骤进行检查。

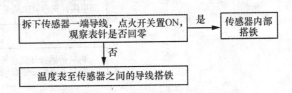

图 4.58 指针指向最大值不变故障诊断

3．燃油表的故障诊断

1）燃油表指针总指示"1"（油满）

（1）现象：点火开关置 ON 时，不论燃油量多少，燃油表指针总是指示"1"（油满）。

（2）原因：①燃油表至传感器导线断路；②传感器内部断路。

（3）诊断：可按图 4.59 所示步骤进行检查。

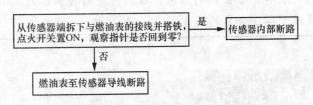

图 4.59 燃油表指针总指示"1"故障诊断

2）燃油表指针总指向"0"（无油）

（1）现象：点火开关置 ON，不论燃油量多少，燃油表指针总是指示"0"（无油）。

（2）原因：①传感器内部搭铁或浮子损坏；②燃油表至传感器的导线搭铁；③燃油表电源线断路；④燃油表内部故障。

（3）诊断：可按图 4.60 所示步骤进行检查。

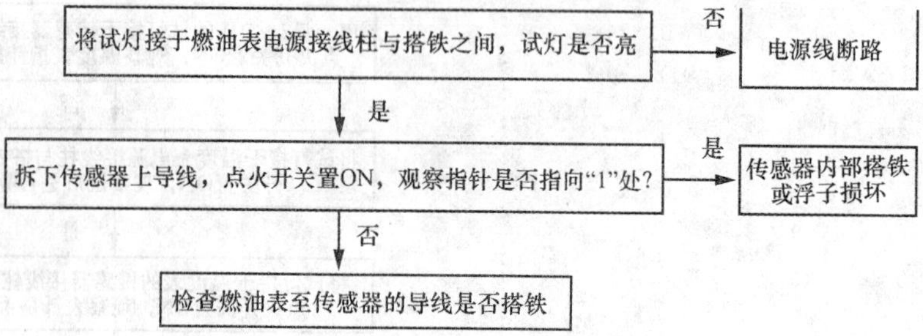

```
将试灯接于燃油表电源接线柱与搭铁之间，试灯是否亮 ──否──▶ 电源线断路
                        │是
拆下传感器上导线，点火开关置ON，观察指针是否指向"1"处? ──是──▶ 传感器内部搭铁或浮子损坏
                        │否
检查燃油表至传感器的导线是否搭铁
```

图 4.60 燃油表指针总指向"1"故障诊断

4. 电子式车速里程表的故障诊断

电子式车速里程表不工作：

（1）现象：汽车行驶中车速里程表指针不动。

（2）原因：①传感器故障；②仪表故障；③线路故障。

（3）诊断：可按图 4.61 所示步骤进行检查。

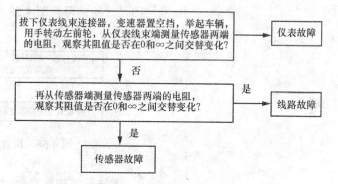

```
拔下仪表线束连接器，变速器置空挡，举起车辆，用手转动左前轮，从仪表线束端测量传感器两端的电阻，观察其阻值是否在0和∞之间交替变化? ──否──▶ 仪表故障
                        │
再从传感器端测量传感器两端的电阻，观察其阻值是否在0和∞之间交替变化? ──是──▶ 线路故障
                        │是
                   传感器故障
```

图 4.61 电子式车速里程表不工作故障诊断

任务实施

为了让学生对汽车照明、信号、仪表和报警系统有具体的认识，我们要从汽车照明、信号、仪表和报警系统的作用、结构、电路控制原理及具体操作等方面进行全面系统的学习，这样便于学生今后的工作。

课后练习

一、填空题

1. 前照灯控制电路主要由灯光开关、_____开关、前照灯继电器及前照灯组成。
2. 灯光开关的种类：拉钮式、旋转式、_____式。
3. 变光开关可以根据需要切换_____光和_____光。
4. 前照灯的工作电流大，若用车灯开关直接控制前照灯，车灯开关易损坏，因此在灯光电路中设有_____。

5．前照灯检测的种类有屏幕检验法和_____法。
6．屏幕检验法只能检测前照灯的光束位置，不能检测_____。
7．仪器检测法的种类按测量方法的不同，可分为聚光式、屏幕式、投影式、自动追踪光轴式和_____等。
8．信号装置的作用是向他人或其他车辆发出_____的信号。
9．制动信号灯：一般为_____，轿车还装有高位制动灯，以防止追尾事故的发生。
10．倒车信号灯：_____时，警示车后的行人和其他车辆注意。一般为白色。
11．位灯也叫_____，装于汽车前、后部两侧，用于示意车辆的宽度和存在。
12．转向信号灯的作用是指示车辆的_____，以引起交通民警、行人和其他驾驶员的注意，提高车辆行驶的安全性。
13．转向信号电路主要由转向信号灯、_____、转向开关和转向指示灯组成。
14．闪光器的作用就是控制转向灯电路的通断，实现转向灯的_____。
15．闪光器的种类主要有_____式、电容式、翼片式、水银式、晶体管式、集成电路式。
16．汽车仪表的作用是为了使驾驶员_____，并能及时发现和排除潜在的故障。
17．汽车仪表按显示方式不同分为指针式仪表和_____。
18．机油压力表是用来检测和显示发动机主油道的_____的大小，以防因缺机油而造成拉缸、烧瓦的重大故障发生。
19．冷却温度的作用是检测和显示发动机水套中_____，以防发动机过热。
20．燃油表是用来指示_____的储存量。

二、选择题
1．汽车的前雾灯为黄色，后雾灯为（　　）。
　　A．白色　　　　　　B．黄色　　　　　　C．红色
2．夜间行车接通前照灯的近光灯时，小灯（示位灯）（　　）。
　　A．一定亮　　　　　B．一定不亮　　　　C．可亮可不亮
3．能将发射光束扩展分配，使光形分布更适宜汽车照明的器件是（　　）。
　　A．反射镜　　　　　B．配光镜　　　　　C．配光屏
4．四灯制前照灯的内侧两灯一般使用（　　）。
　　A．双灯丝灯泡　　　B．单灯丝灯泡　　　C．两者都可以
5．耗能小、发光强度高、使用寿命长且无灯丝的汽车前照灯是（　　）。
　　A．封闭式前照灯　　B．投射式前照灯　　C．氙气灯
6．对于电热式机油压力表，传感器的平均电流大，其表指示的（　　）。
　　A．压力大　　　　　B．压力小　　　　　C．压力可能大也可能小
7．若负温度系数热敏电阻水温传感器的电源线直接搭铁，则水温表（　　）。
　　A．指示值最大　　　B．指示值最小　　　C．没有指示
8．若向燃油传感器的线路搭铁，则对于电磁式燃油表的指示值（　　）。
　　A．为零　　　　　　B．为1　　　　　　C．摆动
9．若稳压器工作不良，则（　　）。
　　A．只有热水式水温表和双金属式机油压力表示值不准

B．只有电热式燃油表和双金属式机油压力表示值不准
C．只有电热式水温表和电热式燃油表示值不准

10．燃油传感器的可变电阻采用末端搭铁是为了（　　）。
　　A．便于连接导线　　B．避免产生火花　　C．搭铁可靠

三、判断题

（　）1．当充电指示灯亮时，说明蓄电池正在被充电。
（　）2．配光屏安装在近光灯丝的上方。
（　）3．氙气灯由石英灯泡、变压器和电子控制器组成，没有传统的钨丝。
（　）4．汽车前照灯的防炫目措施主要是有远、近光变换和近光灯丝加装配光屏。
（　）5．为提高汽车行驶的安全性和方便性，很多新型车辆采用了电子控制装置，因此可对前照灯自动控制。
（　）6．变光开关的种类：有脚踏变光开关和独立式开关两种。
（　）7．将组合式开关向下压，便由远光变近光；将开关向上扳，亦可变为远光，松手后开关自动弹回近光位置。
（　）8．前照灯昏暗自动发光器的功用是，在行驶中（非夜间行驶），当车前自然光的强度减低到一定程度时，自动将前照灯的电路接通，以确保行车安全。
（　）9．灯光提示警报系统及自动关闭系统的作用是：当点火开关关闭，但驾驶员忘记关闭灯光控制开关时，能够自动发出警报，警告驾驶员关闭前照灯和尾灯，或者自动关闭灯光。
（　）10．前照灯应保证夜间车前有明亮而均匀的照明，使驾驶员能辨明500 m以内道路上的任何物体。
（　）11．前照灯应具有防眩目装置，以免夜间车辆交会时造成对方驾驶员眩目而发生事故。
（　）12．机动车在检验前照灯的近光光束照射位置时，前照灯在距离屏幕50 m处。
（　）13．测量前照灯发光强度的电路由光度计、可变电阻和光电池等组成。
（　）14．自动追踪光轴式前照灯检测仪采用受光器自动追踪光轴的方法检测前照灯发光强度和光轴偏斜量。
（　）15．喇叭是用来警告行人和其他车辆，以引起注意，保证行车的安全。
（　）16．制动信号灯安装在车辆前部，通知前面的车辆该车正在制动，以避免后面的车辆与其后部相撞。
（　）17．喇叭按发音动力的不同分为大喇叭和小喇叭。
（　）18．倒车信号装置主要由倒车开关、倒车灯、倒车蜂鸣器等部件组成。
（　）19．为了得到更加悦耳的声音，在汽车上常装有两个不同音调（高、低音）的喇叭。
（　）20．电热丝式闪光器是利用镍铬丝的热胀冷缩特性接通或断开转向灯电路，从而实现转向信号灯及转向指示灯的闪烁的。
（　）21．电子式闪光器可分为触点式（不带继电器）和无触点式（带继电器）。
（　）22．转向灯灯泡灯丝烧断，会使转向灯闪烁频率变慢。
（　）23．危险警告灯电路是借用转向灯泡闪烁起警示作用。
（　）24．转向灯开关均为自动复原式，转向灯开关自动复原至OFF位置，驾驶不必转弯后再拨回。
（　）25．机油压力表是由机油压力传感器和燃油压力指示表两部分组成。

(   )26. 机油压力指示表可分为电热式、电磁式和弹簧式三种。
(   )27. 冷却液温度指示表可分为电热式、电磁式和动磁式三种。
(   )28. 冷却液温度传感器可分为双金属片式和单金属片式两种。
(   )29. 车速里程表是用来指示汽车行驶速度和累计行驶里程数的仪表。
(   )30. 为使机油压力表指示准确，通常在其电路中安装稳压器。

四、简答题

1. 汽车上常见的外部照明灯具主要有哪些？
2. 汽车信号装置包括哪些？
3. 汽车上的仪表有哪些？
4. 汽车的报警装置有哪些？

模块 5 辅助电器

【知识目标】

1. 了解汽车各类辅助电器的功用;
2. 掌握汽车各类辅助电器的组成和分类;
3. 掌握汽车各类辅助电器的工作过程和电路原理。

【技能目标】

1. 能够正确操控汽车各类电器开关演示其各项功能;
2. 正确指认出汽车各类辅助电器的组成部件;
3. 能够正确识读汽车各类辅助电器的电路;
4. 会检测汽车各类辅助电器的主控开关、分控开关及执行电机;
5. 能够对汽车各类辅助电器相关电路进行故障诊断与排除。

【课时计划】

任务类别	任务内容	参考课时		
		理论课时	实训课时	合 计
任务 5.1	电动车窗及控制电路	2	4	6
任务 5.2	电动刮水器、清洗设备及控制电路	2	4	6
任务 5.3	电动座椅及控制电路	1	4	5
任务 5.4	电动门锁及控制电路	1	4	5
任务 5.5	电动后视镜及控制电路	1	4	5

共计：27 课时

> **情境导入**
>
> 一品牌汽车 4S 店每天要接待很多车辆的维修任务，在这些待维修车辆当中，有多数车辆是因为汽车各类辅助电器不能正确工作而来到 4S 店的，这些故障有：
> (1) 按下驾驶室电动车窗开关时，车窗无动作。
> (2) 打开电动雨刮器，雨刮器无动作。
> (3) 汽车副驾驶座椅不能向前移动。
> (4) 当司机锁上驾驶室车门时，不能同时锁上其他车门。
> (5) 当司机调整左侧电动后视镜时，后视镜不能向上运动。

任务驱动

任务 5.1　电动车窗及控制电路

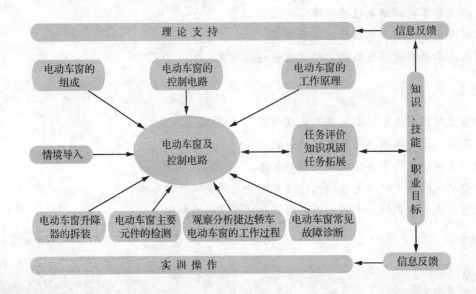

实训指导

实训 1　电动车窗升降器的拆装

【实训准备】

1. 设备与器材：捷达轿车电动车窗、万用表、手动工具等。

基础知识

5.1.1　电动车窗的组成

电动车窗是指以电为动力使车窗玻璃自动升降的车窗。

电动车窗又称电动车门，驾驶员或乘客在座位上操纵控制开关接通车窗升降电动机的电路，利用电动机驱动玻璃升降器，通过一系列机械传动，实现车窗玻璃按要求进行升降。其优点是操作简便，有利于行车安全。

电动车窗主要由车窗玻璃、车窗玻璃升降器、直流电动机、控制开关（主控开关和分控开关）等组成。

2．将"任务工作单"分发给每位学生

【实训目的】

1．知道电动车窗升降器的组成部分。

2．能够说出各部分作用。

3．掌握电动车窗升降器的拆装方法。

【实训步骤】

1．填写"任务工作单"和"任务评价表"的部分内容。

2．拆装电动车窗。

拆卸（以捷达轿车为例）：

（1）拧下车窗玻璃开关紧固螺丝，如实训图 5.1 所示。

实训图 5.1

（2）取下车窗玻璃开关总成，并断开其线束插头，如实训图 5.2 所示。

实训图 5.2

（3）拧下车门内拉手紧

1．直流电动机

作用：为车窗玻璃的升降提供动力。

类型：有永磁型和双绕组串励型两种。

采用永磁型电动机时，电动机不直接搭铁，电动机搭铁受开关控制，通过改变电动机的电流方向改变电动机的转向，从而实现车窗的升降。其控制电路如图 5.1 所示。

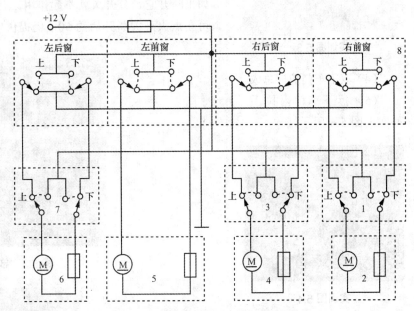

图 5.1 永磁电动机的电动车窗控制电路

1—右前车窗开关；2—右前车窗电机；3—右后车窗开关；4—右后车窗电机；
5—左前车窗电机；6—左后车窗电机；7—左后车窗开关；
8—驾驶员主控开关组件

采用双绕组型串励电动机时，电动机一端直接搭铁，电动机有两个绕组，通过接通不同的绕组，使电动机转向不同，实现车窗升降。其控制电路如图 5.2 所示。

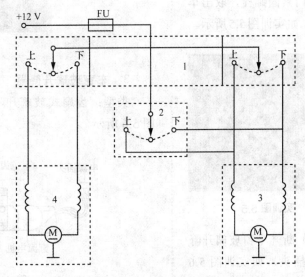

图 5.2 双绕组电动机的电动车窗控制电路

固螺丝,如实训图5.3所示。

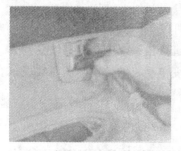

实训图5.3

(4)取下车门护板总成。
(5)拆下车门内拉手,如实训图5.4所示。

实训图5.4

(6)拆下车门护板支承架取下车门护垫。
(7)将玻璃升降开关与线束重新连好,然后将车窗玻璃升降到相应位置。
(8)拧下车窗玻璃升降器与车门紧固螺栓,取出车窗玻璃,如实训图5.5所示。

实训图5.5

(9)断开车窗玻璃升降器线束插头,如实训图5.6所示。
(10)取出车窗玻璃升

2. 控制开关

作用:用控制电动机中电流的通断来控制车窗的升降。

控制开关一般有两套,一套为总开关,装在仪表板或驾驶员侧的车门上,驾驶员可以控制每个车窗玻璃的升降,如图5.3所示。另一套为分开关,分别安装在每个车窗上,以便乘客对每个车窗进行升降控制,如图5.4所示。主控开关上还安装有控制安全的安全开关,如果断开它,分开关就不起作用。有的汽车带有延时车窗开关系统,可在点火开关断开后约50 s仍提供电源使驾驶员有时间关闭车窗。

图5.3 总开关

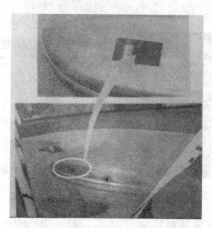

图5.4 分开关

3. 车窗玻璃升降器

类型:齿扇式玻璃升降器如图5.5所示,绳轮式玻璃升降器如图5.6所示。

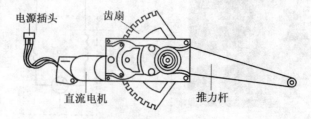

图5.5 齿扇式玻璃升降器

降器，如实训图 5.7 所示。

实训图 5.6

实训图 5.7

安装：

按拆卸相反的顺序进行安装。

3．将相关数据填写在"任务工作单"上。

4．回收工具，整理、清洁工作场所，认真执行 6S 管理。

"任务工作单"和"任务评价表"见附录。

【技术提示】

1．安装调试完成后，应确保车窗玻璃能平稳、顺利地上升或下降。

2．注意拆装的顺序、工具使用及实训安全。

实训 2 电动车窗主要元件的检测

【实训准备】

1．设备与器材：捷达轿车电动车窗主窗主要元

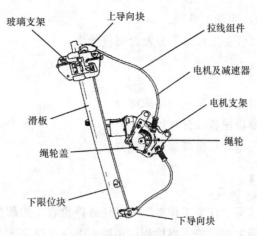

图 5.6 绳轮式玻璃升降器

5.1.2 电动车窗的控制电路及工作原理

大众车系电动车窗的控制功能有手动控制和自动控制两种功能。所谓手动控制是指按着相应的手动车窗控制开关，车窗可以上升或下降，若中途松开按钮，上升或下降的动作立刻停止。自动控制是指按下自动按钮（按下时间 ≤ 300 ms），松开手后车窗会一直上升至最高或下降至最低。大众车系电动车窗的控制电路图如图 5.7 所示。

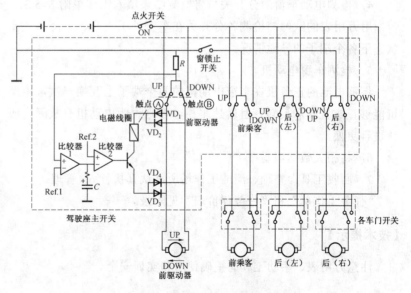

图 5.7 电动车窗的控制电路

1．手动控制玻璃升降

向前按下手动旋钮后，触点 A 与开关的 UP 接点相连，触点 B 处于原来状态，电动机按 UP 箭头方向通过电流，车窗玻璃上升直至关闭；当将手离开旋钮时，利用开关自身的回复力回到中立位置，电动机停转。

若将手动旋钮推向车辆后方，触点 A 保持原位不动，而触点 B 则与 DOWN 侧相连，电动机按 DOWN 箭头所示的方向通过电流，电动机反转，车窗玻璃向下移动，直至下降到底。

件、万用表、手动工具等。

2. 将"任务工作单"分发给每位学生。

【实训目的】

1. 知道电动车窗主要组成部分。
2. 能够说出各部分作用。
3. 掌握电动车窗各部件检测方法。

【实训步骤】

1. 先填写"任务工作单"和"任务评价表"的部分内容。

2. 检测主控开关,将检测结果填入工作单附表5.1。

(1) 从驾驶员侧装饰板上拆下电动车窗的主控开关,查找维修手册中主控开关连接器的端子图。

(2) 用万用表的欧姆挡检测总开关在车窗处于上升、下降和关闭状态时各个端子的导通情况。若测得结果与手册中不相符,说明车窗主开关损坏,需要进行更换。

3. 检测电动车窗的安全开关,将检测结果填入工作单附表5.2。按下车窗安全开关,当开关位于LOCK位置时,用万用表测量端子间应该是断路,当开关位于UNLOCK时,端子间应为导通。

4. 检测电动车窗的分开关,将检测结果填入工作单附表5.3。用万用表的欧姆挡检测各分开关在车窗处于上升、下降和关闭状态下各个端子的导通情况。

5. 检测车窗电动机。

将蓄电池的正负极在车窗电动机的两个端子上互换一次,电动机能够正常正转和反转,且转速平稳。否则说明电动机有故障,应该进行更换。

6. 将相关数据填写在"任务工作单"上。

7. 回收工具,整理、清洁工作场所,认真执行6S管理。

"任务工作单"和"任务评价表"见附录。

【技术提示】

注意万用表、手动工具的正确使用和实训安全。

实训3　观察分析捷达轿车电动车窗的工作过程

【实训准备】

1. 捷达电动车窗试验台。
2. 将"任务工作单"分发给每位学生。

【实训目的】

1. 能够正确操作电动车窗。
2. 能够分析出电动车窗工作时电流流通的路径。

2. 自动控制玻璃升降

向前方按下自动旋钮后,触点A与开关的UP接点相连,触点B处于原来状态,电动机按UP箭头方向通过电流,车窗玻璃上升。与此同时,检测电阻R上的电压降低,此电压通过比较器1的一端,它与参考电压Ref.1进行比较。Ref.1的电压值设定为相当于电动机锁止时的电压,通常情况下,比较器1的输出电位为负电位。而比较器2的基准电压Ref.2设定为小于比较器1的输出电位,所以比较器2的输出电压为正电压,晶体管导通,电磁线圈通过较大电流,其路径为:蓄电池"+"→点火开关→UP→触点A→二极管VD_1→电磁线圈→三极管→二极管VD_4→触点B→电阻R→搭铁。线圈通电后产生较大的电磁吸力,吸引驱动器的开关柱塞,于是将止板向上顶压,越过止板凸缘的滑动销而将按钮锁定。此时,即使将手移开自动旋钮,开关仍会保持原来的状态。

【实训步骤】

(1) 让学生先填写"任务工作单"和"任务评价表"的部分内容。

(2) 学生分组进行电动车窗操作,分析电流流过的路径,填写工作单附表 5.4。

(3) 将相关数据填写在"任务工作单"上。

(4) 回收工具,整理、清洁工作场所,认真执行 6S 管理。

注:"任务工作单"和"任务评价表"见附录。

实训 4　电动车窗常见故障诊断

【实训准备】

1. 设备与器材:捷达轿车电动车窗试验台、万用表、手动工具等。

2. 将"任务工作单"分发给每位学生。

【实训目的】

1. 会读识电动车窗电路图。

2. 能够对电动车窗电路进行故障分析和排除。

【实训步骤】

1. 让学生先填写"任务工作单"和"任务评价表"的部分内容。

2. 在日常维修中,电动车窗常见的故障有:

(1) 某个车窗只能向一个方向运动。

(2) 某个车窗两个方向都不能运动。

(3) 所有车窗均不能升降。

(4) 两个后车窗分开关不起作用等。

3. 根据具体的故障原因进行诊断,根据工作单附表 5.5 列出的进行分析。

4. 将相关数据填写在"任务工作单"上。

5. 回收工具,整理、清洁工作场所,认真执行 6S 管理。

"任务工作单"和"任务评价表"见附录。

【技术提示】

注意万用表的使用方法和实训安全。

任务 5.2　电动刮水器、清洗设备及控制电路

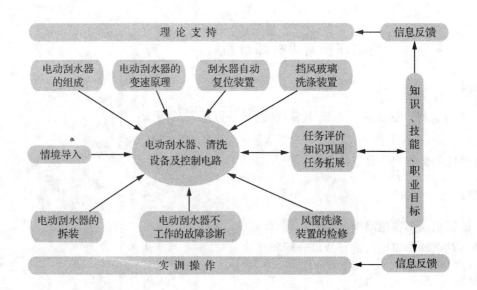

实训指导

实训 5　电动刮水器的拆装

【实训准备】

1．设备与器材：风窗刮水器总成，电、手动工具等。

2．将"任务工作单"分发给每位学生。

【实训目的】

1．知道电动刮水器的组成部分。

2．能够说出各部分作用。

3．掌握电动刮水器的拆装方法。

基础知识

5.2.1　电动刮水器的组成及作用

风窗刮水器的作用是用来清除风窗玻璃上的雨水、雪或尘土，以保证驾驶员在各种环境中有良好的能见度。大多数汽车上还安装有风窗洗涤装置和除霜装置。

1．风窗刮水器的组成

风窗刮水器有前风窗刮水器和后风窗刮水器之分。因驱动装置不同，刮水器有真空式、气动式和电动式三种。目前车辆上广泛使用的是电动刮水器。

电动刮水器主要由直流电动机、蜗轮箱、曲柄、连杆、摆杆和刮水片等组成，如图 5.8 所示。

通常电动机和蜗轮箱结合成一体组成刮水器电机总成，曲柄、连杆和摆杆等杆件可以将蜗轮的旋转运动转变为摆臂的往复摆动，使摆臂上的刮水片实现刮水动作。

2．刮水电动机

刮水电动机有绕线式和永磁式两种。

永磁式刮水电动机主要由外壳、磁铁总成、电枢、电刷安装板、复位开关、输出齿轮及蜗轮、输出臂等组成，如图 5.9 所示。

【实训步骤】

1. 填写"任务工作单"和"任务评价表"的部分内容。

2. 按下面所列拆卸的步骤去练习。

（1）拆下挡风玻璃刮水器臂，拆下前右挡风玻璃刮水器臂，如实训图5.8所示。

实训图 5.8

（2）拆下发动机罩密封条上的罩板，拆下发动机罩左、右侧通风孔百叶窗，如实训图5.9所示。

实训图 5.9

（3）开连接器，拆下两个螺栓，向乘客侧滑动刮水器连接总成，松开橡皮销，拆下刮水器链接总成，如实训图5.10所示。

实训图 5.10

（4）用螺丝刀松开挡风

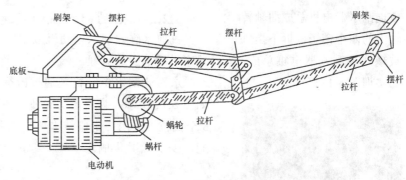

图 5.8 刮水器的组成

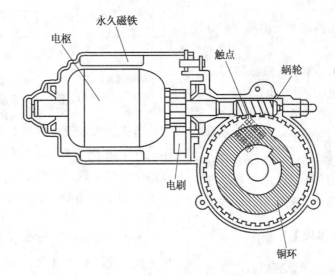

图 5.9 永磁式刮水电动机的结构

电动机电枢通电即开始转动，以蜗杆驱动蜗轮，蜗轮带动摇臂旋转，摇臂使拉杆往复运动，从而带动刮水片左右摆动，如图5.10所示。

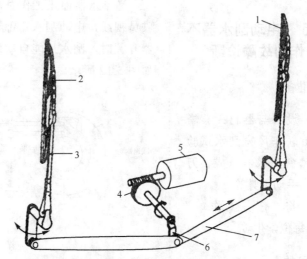

图 5.10 永磁式刮水电动机工作过程示意图
1—刮水片；2—刮水片架；3—雨刮臂；4—蜗轮；5—电动机；
6—摇臂；7—拉杆

玻璃刮水器电机总成曲轴转轴上的两个销子，拆下挡风玻璃风窗刮水器电机总成，如实训图5.11所示。

实训图5.11

3．安装。

按拆卸相反的顺序进行安装。

4．将相关数据填写在"任务工作单"上。

5．回收工具，整理、清洁工作场所，认真执行6S管理。

"任务工作单"和"任务评价表"见附录。

【注意事项】

安装调试完成后，应确保雨刮器正常工作。

【技术提示】

注意拆装的顺序、工具使用及实训安全。

实训6　电动刮水器不工作的故障诊断

【实训准备】

1．设备与器材：桑塔纳2000轿车风窗刮水试验台、风窗刮水器总成、万用表、手动工具等。

2．将"任务工作单"分发给每位学生。

【实训目的】

1．知道电动刮水器工

5.2.2　电动刮水器的变速原理

目前永磁式刮水电动机应用广泛，下面就以永磁式电动机刮水器来讲解其变速原理。

永磁式刮水电动机是通过改变电刷间导体数目来进行变速的。如图5.11所示，为满足实际使用的要求，它分为低速、高速和间歇3个挡位，采用三电刷结构，B_1为低速运转电刷，B_2为高速运转电刷，B_3为公共电刷。

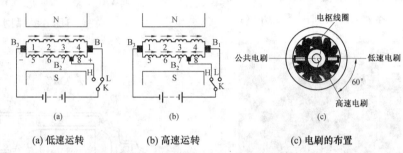

(a) 低速运转　　(b) 高速运转　　(c) 电刷的布置

图5.11　永磁式刮水电动机变速原理

当将刮水器开关拨向L低速时，则蓄电池电压加在电刷B_1和B_3之间，在电刷B_1和B_3之间的两条并联支路中，每条支路中各有四个线圈串联，反电动势的大小与支路中反电动势的大小相等。由于外加电压需要平衡4个线圈所产生的反电势，故电动机转速较低。

当将刮水器开关拨向H高速时，则蓄电池电压加在电刷B_2和B_3之间。线圈1、2、3、4、8同在一条支路中，其中线圈8与线圈1、2、3、4的反电动势方向相反，相互抵消后，使每条支路变为3个线圈。由于电动机内部的磁场方向和电枢的旋转方向没有变化，所以各线圈内反电动势的方向与低速时相同。但是，外加电压只需平衡3个线圈所产生的反电动势，因此电动机的转速升高。

5.2.3　刮水器自动复位装置

当刮水器停止工作时，为避免刮水片停在风窗玻璃中间影响驾驶员视线，电动刮水器都设有自动复位装置。其功能是当切断刮水器开关时，刮水片能自动停在驾驶员视线以外的指定位置，其电路如图5.12所示。

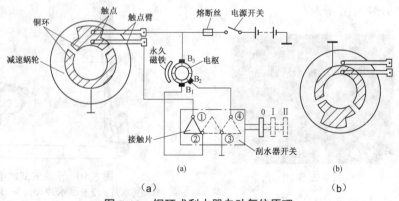

(a)　　(b)

图5.12　铜环式刮水器自动复位原理

作原理。

2．能够看懂电动刮水器的电路图。

3．能够对有故障的风窗刮水器进行分析和故障排除。

【实训步骤】

1．观察故障现象。

刮水器在所有的挡位均不能工作。

2．分析故障原因。

（1）电路方面的原因可能是刮水器电动机绕组断路。

（2）熔断丝断路；线路连接松动、断路或搭铁不良。

（3）刮水器控制开关接触不良或继电器触点接触不良。

（4）机械方面的原因可能是蜗轮蜗杆脱离啮合或损坏；杆件连接松脱；刮水片、传动机构卡住等。

3．根据下面实训图5.12给定的维修流程进行测试，并填写任务工作单。

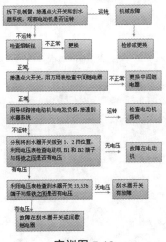

实训图5.12

【技术提示】

在进行电动雨刮器故障检查时：

首先检查熔断器，应无

刮水器的开关有三个挡位，它可以控制刮水器的速度和自复位。0挡为复位挡，Ⅰ挡为低速挡，Ⅱ挡为高速挡。四个接线柱分别接复位装置、电动机低速电刷、搭铁、电动机高速电刷。复位装置是在减速蜗轮上嵌有铜环，铜环分为两部分，与电动机的外壳相连（搭铁）。触点臂用磷铜片或其他弹性材料制成，一端铆有触点。由于触点臂具有弹性，因此当蜗轮转动时，触点与蜗轮端面的铜滑环保持接触。

当刮水器开关处于"Ⅰ"挡位置时，电流从蓄电池的正极→电源开关→熔丝→电刷B_3→电枢绕组→电刷B_1→刮水器开关接线柱②→接触片→刮水器开关接线柱③→搭铁→蓄电池负极。电动机以低速运转。

当刮水器开关处于"Ⅱ"挡位置时，电流从蓄电池的正极→电源开关→熔丝→电刷B_3→电枢绕组→电刷B_2→刮水器开关接线柱④→接触片→刮水器开关接线柱③→搭铁→蓄电池负极。电动机以高速运转。

当将刮水器开关退回到"0"挡时，如果刮水片没有停在规定的位置，由于触点与铜环相接触，则电流继续流入电枢。其电路为：蓄电池正极→电源开关→熔断丝→电刷B_3→电枢绕组→电刷B_1→接线柱②→接触片→接线柱①→触点臂→铜环→搭铁。此时，电动机以低速运转至蜗轮旋转到规定位置，即触点臂3、5都和铜环7接触。此时电动机电枢绕组短路。但是，若电枢由于其惯性而不能立刻停下来，则电枢绕组通过触点臂与铜环接触而构成回路，电枢绕组产生感应电流，产生制动扭矩，电动机将迅速停止转动，刮水器的刮水片停止在规定的位置。

5.2.4 刮水电动机的间歇控制

现代汽车刮水器上均加装了电子间歇控制系统，使刮水器能按照一定的周期停止和刮水，如此在小雨或雾天中行驶时，不至于使玻璃上形成发黏的表面，从而使驾驶员获得更好的视线。

电动刮水器的间歇控制可分为可调式和不可调式。

5.2.5 挡风玻璃洗涤装置

挡风玻璃洗涤装置与刮水器配合使用，可以使汽车挡风玻璃刮水器更好地完成刮水工作，并获得更好的刮水效果。

挡风玻璃洗涤装置主要由贮液罐、洗涤泵、输液管、喷嘴等组成，如图5.13所示

洗涤泵一般由永磁电动机和离心叶片泵组装成为一体，喷射压力可达70～88 kPa。洗涤泵一般直接安装在贮液罐上，在离心泵的进口处设置有滤清器。洗涤泵的喷嘴安装在挡风玻璃的下面，其喷嘴方向可以根据使用情况调整，喷水直径一般为0.8～1.0 mm，能够使洗涤液喷射在挡风玻璃的适当位置。洗涤泵的连续工作时间不应超过1 min。对于刮水和洗涤分别控制的汽车，应先开启洗涤泵，再接通刮水器。喷水停止后，刮水器应继续刮动3～5次，以便达到良好的清洁效果。

断路,线路应无脱落;

检查刮水器电动机及开关的电源线和搭铁线,应接触良好没有断路;

再检查开关各个接线柱在相应挡位能否正常接通;

最后检查电动机和机械连接情况。

实训7　风窗洗涤装置的检修

【实训准备】

1. 设备与器材:风窗洗涤装置、万用表、手动工具等。

2. 将"任务工作单"分发给每位学生。

【实训目的】

1. 知道风窗洗涤装置的组成和作用。

2. 能够对风窗洗涤装置常见故障进行检修。

【实训步骤】

1. 让学生先填写"任务工作单"和"任务评价表"的部分内容。

2. 风窗洗涤装置的故障大都因输液系统引起,因此应首先检查。

风窗洗涤装置故障检修步骤:

(1) 目测储液罐内液体存量,检查熔断器和线路连接是否良好。

(2) 打开洗涤装置开关,同时观察电动机。如果不喷液,检查泵内有无堵塞,去除异物;如无堵塞,需更换洗涤泵。

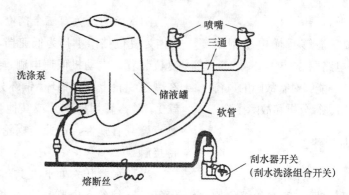

图 5.13　挡风玻璃洗涤装置

常用的洗涤液是硬度不超过 205 ppm 的清水。为能刮掉挡风玻璃上的油、蜡等物,可在水中添加少量的去垢剂和防锈剂。强效洗涤液的去垢效果好,但会使风窗密封条和刮片胶条变质,还会引起车身喷漆变色以及贮液罐、喷嘴等塑料件的开裂。冬季使用洗涤器时,为了防止洗涤液的结冰,应添加甲醇、异丙醇、甘醇等防冻剂,再加少量的去垢剂和防锈剂,即成为低温洗涤液,可使凝固温度下降到 -20 ℃ 以下。

(3) 如果洗涤泵不运转，用万用表电压挡测电动机有无电压。若有电压，用欧姆挡检查搭铁回路，若搭铁良好，需更换洗涤泵。

(4) 在上一步中，若电动机无电压，需沿线路向开关检查，检查开关是否正常。

3. 将相关数据填写在"任务工作单"上。

4. 回收工具，整理、清洁工作场所，认真执行6S管理。

"任务工作单"和"任务评价表"见附录。

任务 5.3　电动座椅及控制电路

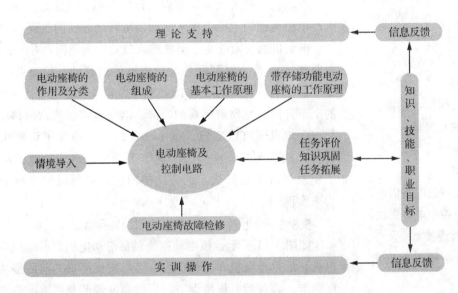

实训指导

实训 8　电动座椅故障检修

【实训准备】

1. 设备与器材：凯美瑞电动座椅试验台、万用

基础知识

5.3.1　电动座椅的作用及分类

作用：为驾驶员及乘员提供便于操作、舒适而又安全的驾驶位置。

类型：按调节方式的不同分为手动调节式和动力调节式；按动力源的不同分为真空式、液压式和电动式；按座椅电机的数目和调节方向数目的不同分为两向、四向、六向、八向和多向可调等。

现代汽车都安装有电动座椅。

表、试灯、手动工具等。

2．将"任务工作单"分发给每位学生。

【实训目的】

1．知道电动座椅的组成。

2．能够说出各部分作用。

3．掌握电动座椅的各种常见故障检修方法。

【实训步骤】

1．先填写"任务工作单"和"任务评价表"的部分内容。

2．电动座椅最常见的故障是：不能前后移动，不能上升或下降，背部支撑不能动作。

下面以凯美瑞轿车电动座椅电路为例，对电动座椅进行检修。

1）电动座椅不动作。

故障原因：

（1）座椅保险丝熔断。

（2）搭铁点松落。

（3）线束断路等。

维修思路：

（1）检查控制电路供电。

（2）检查控制电路搭铁。

（3）检查连接器。

2）电动座椅不能向前或向后移动。

故障原因：

（1）座椅开关损坏。

（2）滑动电机损坏。

（3）线束断路等。

维修思路：

（1）检查驾驶员座椅开关。

（2）检查连接线束。

（3）检查滑动电机。

3）电动座椅不能升降。

故障原因：

5.3.2 电动座椅的组成

电动座椅一般由双向电动机、传动装置和控制电路等组成，如图5.14所示。

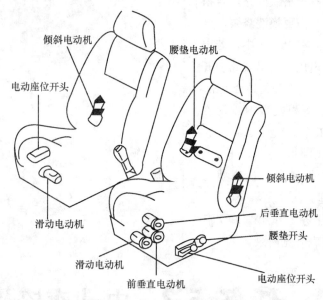

图 5.14 电动座椅结构示意图

电动机一般为永磁式双向直流电动机。它通过控制开关来改变流经电机内部的电流方向，从而实现转动方向的改变。

电动机的个数取决于座椅的调节功能的范围，同时必须体积小，负荷能力要大；如果只是调节座椅前后移动，仅需要一个电动机即可实现。在此功能的基础之上再加装两个电机，就可以实现座椅的上下升降、座椅前后端的升降。这就是常说的六向移动座椅，装配三个电机即可以实现。很多高级轿车还增加了调整头枕、腰部调节、扶手调节、座椅长度调节等功能，这些功能的增加都是为了使乘坐者更加舒适。这些功能的实现必须通过电机带动传动机构来实现。

5.3.3 电动座椅的基本工作原理

如图5.15所示，该电动座椅包括滑动电机、前垂直电机、倾斜电机、后垂直电机和腰椎电机，可以实现座椅的前后移动、前部高度调节、靠背倾斜程度调节、后部高度调节及腰椎前后调节。下面以座椅靠背的倾斜调节为例，介绍电路的控制过程。

当电动座椅的开关处于倾斜位置时，如果要调整靠背向前倾斜，则闭合倾斜电机的前进方向开关，即端子4置于左位时，电路为：蓄电池正极→FLALT→FLAM1→DOOR CB→端子14→（倾斜开关"前"）→端子4→1（2）端子→倾斜电机→2（1）端子→端子3→端子13→搭铁。此时，座椅靠背前移。

当端子3置于右位时，倾斜电动机反转，座椅靠背后移。此时的电路为：蓄电池正极→FLALT→FLAM1→DOOR CB→端子14→（倾斜开关"后"）→端子3→2（1）端子→倾斜电机→1（2）

(1) 座椅开关损坏。
(2) 升降电机损坏。
(3) 线束断路等。

维修思路：

(1) 检查座椅开关。
(2) 检查连接线束。
(3) 检查升降电机。

4) 电动座椅靠背不能前后调节。

故障原因：

(1) 座椅开关损坏。
(2) 靠背前后电机损坏。
(3) 线束断路等。

维修思路：

(1) 检查座椅开关。
(2) 检查连接线束。
(3) 检查靠背前后电机。

5) 电动座椅不能上下调节。

故障原因：

(1) 座椅开关损坏。
(2) 靠背上下电机损坏。
(3) 线束断路等。

维修思路：

(1) 检查座椅开关。
(2) 检查连接线束。
(3) 检查靠背上下电机。

3．将相关数据填写在"任务工作单"上。

4．回收工具，整理、清洁工作场所，认真执行6S管理。

"任务工作单"和"任务评价表"见附录。

【技术提示】

在现实生活中，对于座椅有时无法调节，原因多是数据诊断接口损坏，少量是舒适系统控制单元损坏。

端子→端子4→端子13→搭铁。此时，座椅靠背后移。

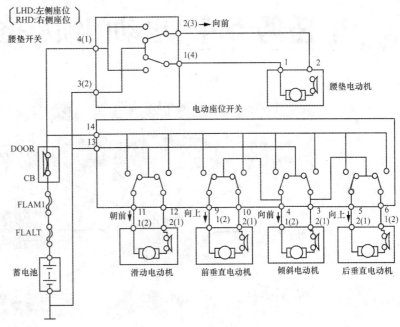

图 5.15　电动座椅控制电路

5.3.4　带存储功能电动座椅的工作原理

自动座椅是带存储功能的电动座椅，它是人体工程与电子技术相结合的产物，它能自动适应不同体型的乘员乘坐舒适性的要求。

自动座椅的调整装置除能改变座椅的前后、高低、靠背倾斜及头枕等的位置外，还能存储座椅位置的若干个数据（或信息），只要乘员一按按钮，就能自动调出座椅的各个位置，如果此时不符合存储数据（或信息）的乘员乘坐，汽车便发出蜂鸣声响信号，以示警告。

系统由一组位置传感器、储存复位开关、控制模块、执行模块组成，如图5.16所示。位置传感器用来检测座椅的设定位置，当座椅位置设定后，驾驶员按下存储键按钮，控制模块计算机就把这些信号存在存储器，作为重新调整位置时的基准，使用时，只要按下按钮，就能按照存储的座椅信息位置的要求调整座椅的位置。

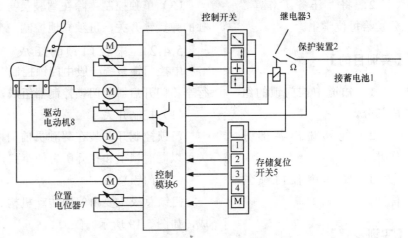

图 5.16　带记忆功能电动座椅电子控制示意图

任务 5.4 电动门锁及控制电路

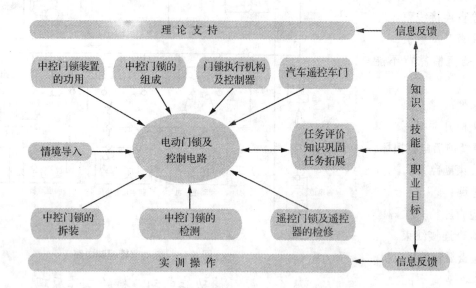

实训指导

实训 9 中控门锁的拆装

【实训准备】

1. 设备与器材：捷达轿车中控锁、万用表、手动工具等。

2. 将"任务工作单"分发给每位学生。

【实训目的】

1. 知道中控门锁的组成部分。

2. 能够说出各部分作用。

3. 掌握中控门锁的传动。

【实训步骤】

1. 填写"任务工作单"

基础知识

5.4.1 中控门锁装置的功用

为了方便司机和乘客开关车门，现在大部分轿车中都安装了中央控制门锁系统。它具有以下功能：

（1）中央控制：当驾驶员锁住其身边的车门时，其他车门也同时锁住，驾驶员可通过门锁开关同时打开各个车门，也可单独打开某个车门。

（2）速度控制：当行车速度达到一定时，各个车门能自行锁上，防止乘员误操作车门把手而导致车门打开。

（3）单独控制：除在驾驶员身边车门以外，还在其他门设置单独的弹簧锁开关，可独立地控制一个车门的打开和锁住。

5.4.2 中控门锁的组成

中控门锁系统一般由门锁控制开关、钥匙控制开关、门锁总成、行李箱门开启器及门锁控制器组成，如图 5.17 所示。

（1）控制开关

门锁控制开关装在驾驶员前门内侧的扶手上，通过门锁控制开关可以同时锁上和打开所有的车门，如图 5.18 所示。

（2）门锁总成

门锁总成主要由门锁传动机构、门锁位置开关和门锁壳体等组成，如图 5.19 所示。

和"任务评价表"的部分内容。

2．拆装中控门锁。

以比亚迪 F3 为例：

（1）拧出车门锁芯的固定螺丝，如实训图 5.13 所示。

实训图 5.13

（2）取下锁芯及车门外拉手，取下车门外把手密封垫，如实训图 5.14 所示。

实训图 5.14

（3）拧出中央门锁电动机总成的固定螺丝，如实训图 5.15 所示。

实训图 5.15

（4）断开中央门锁电动机总成的线束插头，如实训图 5.16 所示。

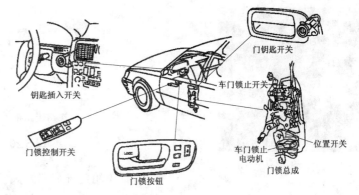

图 5.17　中控门锁的组成

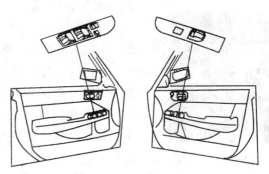

图 5.18　控制开关

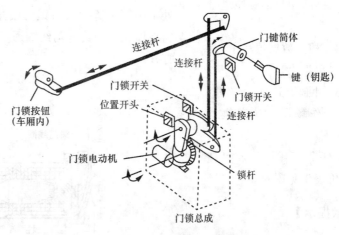

图 5.19　门锁机构示意图

门锁传动机构由电动机、蜗轮和齿轮等组成。当门锁电机转动时，蜗杆带动蜗轮转动，蜗轮推动锁杆，车门被锁上或打开，然后蜗轮在回位弹簧的作用下返回原位置，防止操纵门锁钮时电动机工作。

（3）钥匙操纵开关

钥匙操纵开关装在前门的钥匙门上，当从外面用钥匙开门或关门时，钥匙操纵开关便发出开门或锁门的信号给门锁控制 ECU 或门锁控制继电器，如图 5.20 所示。

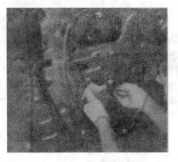

实训图 5.16

（5）取出中央门锁电动机总成，如实训图 5.17 所示。

实训图 5.17

3．安装。

按拆卸相反的顺序进行安装。

4．相关数据填写在"任务工作单"上。

5．回收工具，整理、清洁工作场所，认真执行 6S 管理。

"任务工作单"和"任务评价表"见附录。

【技术提示】

安装过程为拆解过程的相反顺序，当安装完成时要检查是否连接正常，能否正常使用。

实训 10　中控门锁的检测

【实训准备】

1．设备与器材：捷达轿车中控实训台、万用表、

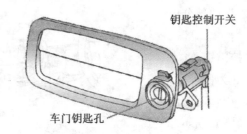

图 5.20　钥匙操纵开关

（4）行李箱门开启器开关

该开关一般位于仪表板下面或驾驶员座椅左侧车厢底板上，拉动此开关便能打开行李箱门。

（5）门控开关

门控开关用来检测车门的开闭情况。车门打开时，门控开关接通；车门关闭时，门控开关断开。

5.4.3　门锁执行机构

门锁执行机构是用于执行驾驶员的指令，将门锁锁止或开启。门锁执行机构有电磁线圈式和直流电动机式两种驱动方式。其结构都是通过改变极性转换其运动方向而执行锁门或开门动作的。

（1）电磁线圈式。图 5.21 所示为一种电磁式门锁执行机构，它内设两个线圈，分别用来开启、锁闭门锁，门锁集中操作按钮平时处于中间位置。当给锁门线圈通正向电流时，衔铁带动连杆左移，门被锁住；当给开门线圈通反向电流时，衔铁带动连杆右移，门被打开。

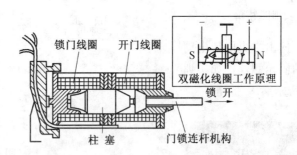

图 5.21　电磁线圈式

（2）直流电动机式。直流电动机式执行机构如图 5.19 所示，它是通过直流电动机转动并经传动装置（传动装置有螺杆传动、齿条传动和直齿轮传动）将动力传给门锁锁扣，使门锁锁扣进行开启或锁止。由于直流电动机能双向转动，所以通过电动机的正反转实现门锁的锁止或开启。这种执行机构与电磁式执行机构相比，耗电量较小。

5.4.4　门锁控制器

门锁控制器是为门锁执行机构提供锁止/开启脉冲电流的控制

手动工具等。

2. 将"任务工作单"分发给每位学生。

【实训目的】

1. 详细了解电动车锁的组成部分。

2. 掌握中控车锁各种主要元件的安装位置、数量及结构形式。

3. 掌握电动车锁的传动及工作原理。

【实训步骤】

1. 先填写"任务工作单"和"任务评价表"的部分内容。

2. 结合捷达轿车中控车锁装置实训台和电路图，观察分析中控门锁的工作过程。任务如下：

（1）找出门锁开关，将其安装数量、安装位置、结构形式等内容填入附表5.7中。

（2）找出门锁执行装置，将其安装数量、安装位置、结构形式等内容填入附表5.7中。

（3）找出门锁控制器，将其安装数量、安装位置、结构形式等内容填入附表5.7中。

（4）结合教学实习用车，观察用车门锁钥匙分别开闭左右前门，观察其工作过程，填入附表5.8。

3. 将相关数据填写在"任务工作单"中。

4. 回收工具，整理、清洁工作场所，认真执行6S管理。

"任务工作单"和"任务评价表"见附录。

装置。无论何种门锁执行机构都是通过改变执行机构通电电流方向控制连杆左右移动，实现门锁的锁止和开启。

门锁控制器的种类很多，按其控制原理大致可分为晶体管式、电容式和车速感应式三种门锁控制器。

（1）晶体管式。晶体管式门锁控制器内部有两个继电器，一个管锁门，一个管开门。继电器由晶体管开关电路控制，利用电容器的充放电过程控制一定的脉冲电流持续时间，使执行机构完成锁门和开门动作，如图5.22所示。

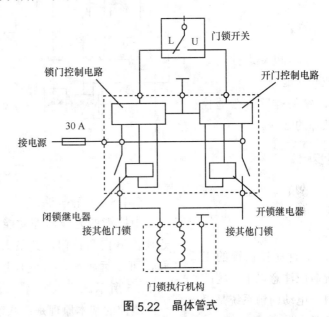

图5.22 晶体管式

（2）电容式。该门锁控制器利用电容器充放电特性，平时电容器充足电，工作时把它接入控制电路，使电容器放电，使继电器通电而短时吸合，电容器完全放电后，通过继电器的电流中断而使其触点断开，门锁系统不再工作，如图5.23所示。

（3）车速感应式。装有一个车速为10 km/h的感应开关，当车速大于10 km/h时，若车门未上锁，驾驶员不需动手，门锁控制器自动将门上锁，如图5.24所示。

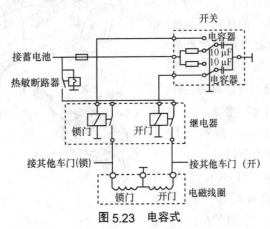

图5.23 电容式

实训 11 遥控门锁及遥控器的检修

【实训准备】

1. 设备与器材：实训用车一辆、轿车车门遥控器等。
2. 将"任务工作单"分发给每位学生。

【实训目的】

1. 了解电动遥控门锁的组成和功能。
2. 掌握排除一般遥控门锁故障的方法。

【实训步骤】

1. 先填写"任务工作单"和"任务评价表"的部分内容。

2. 检查遥控门锁的工作情况时应注意以下问题：

（1）电动门锁系统是否工作正常。

（2）所有的车门均关闭，若有任意一个门开着，则其他的车门是否能够锁上。

（3）点火开关钥匙孔里有没有钥匙。

3. 遥控器基本功能可按以下方法检查：

当钥匙上的任何开关按3次时，检查发射器的发光二极管是否亮3次。若发光二极管不能闪烁，说明遥控器缺电，则更换电池。

4. 能否用遥控器锁上和打开所有的车门：

（1）按下 LOCK 开关时，检查警告灯应闪烁一次，同时锁上所有的车门。

（2）按下 UNLOCK 时，检查警告灯应闪烁两次，同

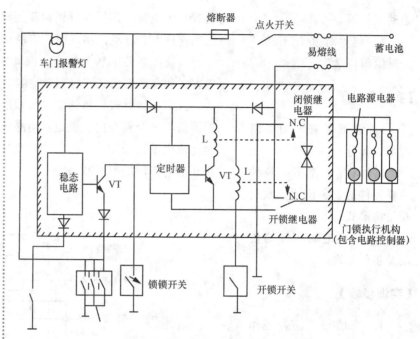

图 5.24 车速感应式

5.4.5 汽车遥控车门

中控锁的无线遥控功能是指不用把钥匙键插入锁孔中就可以远距离开门和锁门，其最大优点是：不管白天黑夜，无需探明锁孔，可以远距离、方便地进行开锁（开门）和闭锁（锁门），如图 5.25 所示。

遥控的基本原理是：从车主身边发出微弱的电波，由汽车天线接收该电波信号，经电子控制器 ECU 识别信号代码，再由该系统的执行器（电动机或电磁线圈）执行启/闭锁的动作。该系统主要由发射机和接收机两部分组成。

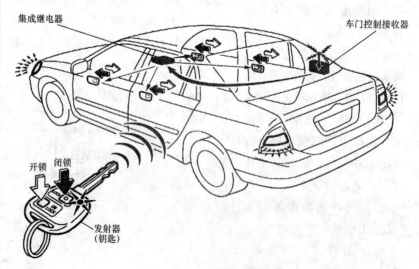

图 5.25 汽车遥控车门系统

时打开所有的车门。

（3）按下 PANIC 开关时长不少于 1.5 s 时，检查防盗警报器应该鸣叫，警告灯开始闪烁。再次按下 UNLOCK 开关或 PANIC 开关时，声音和闪烁应停止。

5．将相关数据填写在"任务工作单"上。

6．回收工具，整理、清洁工作场所，认真执行 6S 管理。

"任务工作单"和"任务评价表"见附录。

任务 5.5　电动后视镜及控制电路

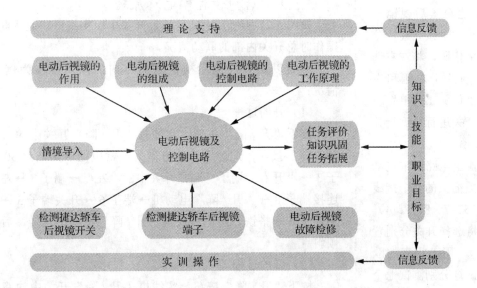

实训指导

实训 12　检测捷达轿车后视镜开关

【实训准备】

1．设备与器材：电动后视镜试验台、试灯、万用表和手动工具等。

基础知识

5.5.1　电动后视镜的作用及组成

后视镜是用来反映车辆后方、侧方和下方的情况，使驾驶员视界更为广阔。由于驾驶员调整后视镜的位置比较困难，特别是乘客车门一侧的后视镜，所以电动后视镜就出现了。

电动后视的作用是方便驾驶员调整后视镜的角度（在行车时便可方便地对左右后视镜的角度进行随时调节）。后视镜分为外后视镜和内后视镜。

电动后视镜一般由镜片、驱动电机、控制电路及操纵开关

2. 将"任务工作单"分发给每位学生。

【实训目的】

1. 会操作电动后视镜开关,并演示电动后视镜功能。

2. 能够正确指认出电动后视镜组成部件。

3. 会检测电动后视镜开关、电动机。

4. 会读识电动后视镜的电路图。

5. 能够对电动后视镜的电路进行故障检测和排除。

【实训步骤】

1. 先填写"任务工作单"和"任务评价表"的部分内容。

2. 捷达轿车后视镜开关插头上有七个接线柱,分别标有数字代码,将左右选择开关分别置于左侧和右侧,按照"任务工作单"表的要求对开关进行检测,并填入表中。

(1) 找出电路图中电动后视镜开关插头的7个接线柱(3、6、5、7、8、1、4)。

(2) 将选择开关分别置于左(右),用万用表的欧姆挡或者试灯分别测试七个端子中任一端子,把结果填入表中,根据所测结果判断出公共接线柱。

3. 将相关数据填写在"任务工作单"上。

4. 回收工具,整理、清洁工作场所,认真执行6S 管理。

"任务工作单"和"任务评价表"见附录。

等组成。如图 5.26 所示,在每个后视镜镜片的背后均有两个可逆电动机,可操纵其上下及左右运动。通常垂直方向的倾斜运动由一个永磁电动机控制,水平方向的倾斜运动由一个永磁电动机控制。

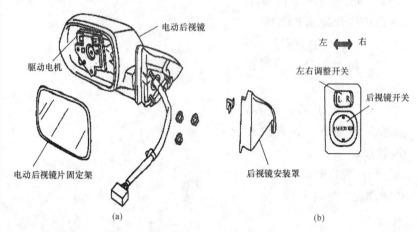

图 5.26 电动后视镜的组成

通过改变电动机的电流方向,即可完成对后视镜的上下左右方向的调整。

5.5.2 后视镜控制电路原理

如图 5.27 所示,电动后视镜开关中用实线框和虚线框分别表示操作时总开关内部的联动情况。

下面以调节左侧后视镜垂直方向的倾斜程度为例介绍工作情况:

(1) 升的过程

按下"升/降"按钮,实线框"升/降"开关中的箭头开关均和"升"接通,此时电流的方向为:蓄电池→熔断丝30→开关端子3→"升右"端子→选择开关中的"左"→端子7→左电动后视连接端子8→"升/降"电动机→端子6→开关端子5→升1→开关端子6→搭铁。左侧后视镜"升/降"电动机运转,后视镜向上倾斜。

(2) 降的过程

按下"升/降"按钮,实线框"升/降"开关中的箭头开关均与"降"接通,此时的电流方向为:蓄电池→熔断丝30→开关端子3→降1→开关端子5→左电动后视连接端子6→"升/降"电动机→左电动后视连接端子8→开关端子7→选择开关中的"左"→"降左"端子→开关端子6→搭铁。左侧后视镜"升/降"电动机运转,后视镜向相反的方向倾斜。

【技术提示】

注意万用表的正确使用。

实训 13　检测捷达轿车后视镜端子（选作）

【实训准备】

1．设备与器材：电动后视镜总成、蓄电池、连接导线、手动工具等。

2．将"任务工作单"分发给每位学生。

【实训目的】

1．熟悉电动后视镜的控制电路。

2．正确熟练使用万用表。

3．锻炼学生逻辑分析能力。

【实训步骤】

1．让学生先填写"任务工作单"和"任务评价表"的部分内容。

2．在日常维修中，拆下汽车电动后视镜后，需要判断电动后视镜上面连接柱应接的端子，可以用以下方法去检测。

（1）电动后视镜上连接端子有三个接线柱。

（2）先用万用表检测三个端子任意两个之间的电阻，电阻值最大的两个端子为1号端子和2号端子，余下的为3号端子。

（3）再用蓄电池按照附表5.9的要求对电动后视镜进行通电检测并且记录检测结果，进行分析判断。

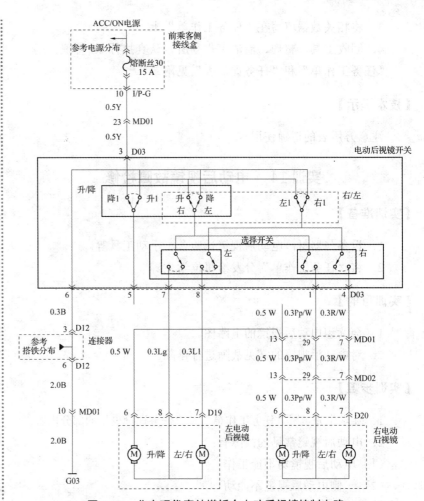

图 5.27　北京现代索纳塔轿车电动后视镜控制电路

3．将相关数据填写在"任务工作单"上。

4．回收工具，整理、清洁工作场所，认真执行 6S 管理。

"任务工作单"和"任务评价表"见附录。

【技术提示】

注意万用表的正确使用。

实训 14　电动后视镜故障检修

【实训准备】

1．设备与器材：电动后视镜试验台、手动工具等。

2．将"任务工作单"分发给每位学生。

【实训目的】

1．会读识电动后视镜的电路图。

2．对电动后视镜的常见故障进行排除。

【实训步骤】

1．让学生先填写"任务工作单"和"任务评价表"的部分内容。

2．电动后视镜常见的故障有：

（1）电动后视镜均不能工作

（2）一侧电动后视镜不能动

（3）一侧电动后视镜上下方向不能动

（4）一侧电动后视镜左右方向不能动

3．（1）检查时应首先检查熔断丝、电路连接和搭铁情况是否良好。

（2）再检查开关和电动机是否良好。可按上述的顺序和实训表 5.1 进行故障原因的分析和检修。

实训表 5.1

故障现象	故障原因	故障排除方法
电动后视镜均不能工作	熔断丝熔断 搭铁不良 后视镜开关损坏 后视境电机损坏	更换 修理 更换 更换
一侧电动后视镜不能动	后视镜开关损坏 电动机损坏 搭铁不良	更换 更换 修理
一侧电动后视镜上下方向不能动	上下调整电动机损坏 搭铁不良	更换 修理
一侧电动后视镜左右方向不能动	左右调整电动机损坏 搭铁不良	更换 修理

4．将相关数据填写在"任务工作单"上。

5．回收工具，整理、清洁工作场所，认真执行 6S 管理。

"任务工作单"和"任务评价表"见附录。

【技术提示】

注意万用表的正确使用。

任务实施

为了培养学生对汽车各类辅助电器的维修能力，应从常见的辅助电器电动车窗、电动座椅、电动刮水器设备、中控门锁、电动后视镜等的组成、作用、工作原理、常见故障入手，进行系统的学习，让学生熟悉其构造、特点、常见故障，并通过任务实训，掌握汽车各类辅助电器的拆装、检修方法。

课后练习

一、填空题

1．电动车窗主要由_____、_____、_____、_____等组成。

2．车窗玻璃升降器类型：_____、_____。

3．驾驶员按下车门窗安全开关后，再操作左右后车门窗分控开关，左右后门门窗玻璃将_____。

4．当右后车窗玻璃无论按下主控开关，还是按下分控开关均不能上升下降时，造成故障的原因有_____、_____、_____。

5．电动刮水器由_____、_____、_____、_____组成。

6．通过改变刮水片直流电动机之间的_____来改变直流电动机的转速。

7．当刮水片停止工作时，为避免停在风窗玻璃中间，影响驾驶员视线，汽车上的电动刮水器都设有_____装置。

8．风窗玻璃洗涤装置由_____、_____、_____、_____组成。

9．刮水器不能正常工作的原因有_____；_____；_____等。

10．电动座椅一般由_____、_____和_____等组成。

11．每个后视镜镜片背后均有_____个可逆电动机，可控制其_____及_____运动。

12．电动后视镜均不能正常工作的原因有_____、_____、_____等。

13．中控门锁系统一般由_____、_____、_____及_____组成。

14．门锁总成主要由_____、_____和_____等组成。

15．门锁执行机构按结构可分为_____、_____和_____。
16．电动后视镜一般由_____、_____、_____和_____等组成。
17．电动后视镜均不能正常工作的原因有_____、_____、_____等。

二、选择题

1．甲认为电动车窗电路中有保护器可以保护电路，乙认为电源线与搭铁线反接可以改变车窗的移动方向。（　　）项正确。
　　A．只有甲正确　　　　　　　　　B．只有乙正确
　　C．甲和乙都正确　　　　　　　　D．甲乙均不正确

2．电动车窗安全开关可以断开（　　）。
　　A．主控开关的电源线　　　　　　B．主控开关的搭铁线
　　C．车窗开关的搭铁线　　　　　　D．车窗开关的电源线

3．电动车窗的右前窗不工作，甲说可能是由于车窗电机未搭铁引起，乙说可能是开关故障。（　　）项正确。
　　A．只有甲正确　　　　　　　　　B．只有乙正确
　　C．甲和乙都正确　　　　　　　　D．甲乙均不正确

4．将电动车窗电机拆下后，在其位置接 12 V 试灯，开关在"上升"位置时，灯亮。在"下降"位置时，灯不亮，这表明（　　）。
　　A．搭铁故障　　　　　　　　　　B．电机故障
　　C．电源短路　　　　　　　　　　D．开关或开关之间的线路不正常

5．电动后视镜在任何方向均不能移动，最可能的原因是（　　）。
　　A．电源断路　　　　　　　　　　B．所有开关断路
　　C．所有电机损坏　　　　　　　　D．所有电机过载保护器断开

6．所有电动门锁在任何方向均不能动作，最可能的原因是（　　）。
　　A．电源断路　　　　　　　　　　B．开关断路
　　C．电机断路　　　　　　　　　　D．电机过载保护器断开

7．电动后视镜在任何方向均不能移动，最可能的原因是（　　）。
　　A．电源断路　　　　　　　　　　B．所有开关断路
　　C．所有电机损坏　　　　　　　　D．所有电机过载保护器断开

三、简答题

1．刮水器各挡位都不工作，可能是哪些原因造成的？如何诊断？
2．电动车窗和电动座椅的电动机是如何改变旋转方向的？
3．中控门锁有哪些功能？
4．电动后视镜是如何改变后视角度的？

附录

模块 1

任务 1.1

认识汽车电气设备的组成——工作单　　No:1.1

教学周：_____　班级：_____　第（　）组长：_____　指导教师：_____
小组成员：_____
工作流程：
分组进行汽车电气设备各部分的识别，并填写下列表格。

观察内容	电器名称及作用
照明仪表系统部分	
电源部分	
启动系统部分	
辅助电器部分	

实训总结：

1．通过这次实训，你学到了什么？

2．还有哪些不足的地方？

3．你有什么好的建议？

认识汽车电气设备的组成——评价表　　No:1.1

任务名称					
小组成员					
				组长：	
你在小组中的角色					
你在小组中所做的工作					

评价项目	评价内容	配分	自评	组评	总评
检查任务完成情况	1．完成任务过程情况	5分			
	2．任务完成质量	10分			
	3．在小组完成任务过程中所起作用	5分			
专业知识	1．能够正确说出电气设备各部分的名称	25分			
	2．能够正确说出各部分的作用	25分			
职业素养	1．学习态度：积极主动，参与学习	5分			
	2．资讯能力：完整准确地收集信息	5分			
	3．团队协作：善于合作，共同完成	5分			
	4．责任意识：爱护设备、作业单填写认真	5分			
	5．安全规范：有安全意识，操作规范	5分			
	6．现场管理：6S执行认真，有环保意识	5分			
教师综合评价					
学习总结（学习心得及不足）					

任务 1.2

认识汽车电气设备的特点——工作单　　No:1.2

教学周：_____　班级：_____　第（　）组长：_____　指导教师：_____

小组成员：_____

工作流程：

分组观察汽车电气设备的特点，并填写下列表格。

观察内容	观察结果
观察汽车灯具的连接方式	
观察蓄电池的接线柱及电压	
观察蓄电池的负极接线情况	

实训总结：

1. 通过这次实训，你学到了什么？

2. 还有哪些不足的地方？

3. 你有什么好的建议？

认识汽车电气设备的特点——评价表　　No:1.2

任务名称					
小组成员					
			组长：		
你在小组中的角色					
你在小组中所做的工作					

评价项目	评价内容	配分	自评	组评	总评
检查任务完成情况	1. 完成任务过程情况	5分			
	2. 任务完成质量	10分			
	3. 在小组完成任务过程中所起作用	5分			
专业知识	1. 能够说出汽车电气设备的特点	25分			
	2. 能够找出电气设备的连接情况	25分			
职业素养	1. 学习态度：积极主动参与学习	5分			
	2. 资讯能力：完整准确地收集信息	5分			
	3. 团队协作：善于合作，共同完成	5分			
	4. 责任意识：爱护仪器，作业单填写认真	5分			
	5. 安全规范：有安全意识，操作规范	5分			
	6. 现场管理：6S执行认真，有环保意识	5分			
教师综合评价					
学习总结（学习心得及不足）					

任务 2.1

汽车电源系统的基本认知——工作单　　　　No:2.1

教学周：_____　　班级：_____　　第（　）组长：_____　　指导教师：_____

小组成员：_____

工作流程：

1. 根据实训图 2.4，蓄电池顶部标识的名称或含义是：
   A_____　B_____　C_____　D_____

2. 观察工作台上的蓄电池，它的型号是_____，容量为_____A·h 或_____CCA。蓄电池的正负桩头哪个直径较大些？_____，你认为这样设计有什么实际意义？
   _____

3. 参考实训图 2.7 和表 2.1，观察工作台上蓄电池的充电状态指示器，颜色为_____。你认为这只蓄电池的充电状态为_____。

4. 观察工作台上的发电机实物，参考实训图 2.9 和教材中的相关资讯，填写下表。

端子标识	外部连接电路
B	
D+	
E	

5. 观察实训室发动机试验台架的电源系统，台架名称是_____，蓄电池正极与发电机之间有没有其他器件？_____。观察蓄电池连接电缆和安装位置，有没有将蓄电池正负极接反的可能？_____。

6. 在实训教师的指导下，分组观摩实训车辆或校区内其他老师的车辆，看一下该车电源系统的配置特点并填写下表。

车型	蓄电池容量	发电机安装位置	充电状态指示器颜色

实训总结：

1. 通过这次实训，你学到了什么？

2. 还有哪些不足的地方？

3. 你有什么好的建议？

汽车电源系统的基本认知——评价表　　No:2.1

任务名称					
小组成员				组长：	
你在小组中的角色					
你在小组中所做的工作					

评价项目	评价内容	配分	自评	组评	总评
检查任务完成情况	1. 正确完成实训前准备	5分			
	2. 认真完成小组分配给自己的任务	5分			
	3. 在小组完成任务过程中所起作用	5分			
能正确完成汽车电源系统认知完整过程	1. 各部位描述准确	5分			
	2. 观察细致、描述准确	10分			
	3. 观察细致、描述准确	5分			
	4. 资讯正确、填写认真、描述准确	10分			
	5. 观察细致、描述正确，填写认真	10分			
	6. 认真执行无遗漏	5分			
职业素养	1. 有较强的信息查阅和分析能力	10分			
	2. 工作表填写认真	5分			
	3. 未出现不安全的因素	10分			
	4. 小组间协作、交流与沟通	10分			
	5. 爱护设备，养成了6S的习惯	5分			
教师综合评价					
学习总结（学习心得及不足）					

任务 2.2

蓄电池的使用与性能检测——工作单　　No:2.2

教学周：_____　班级：_____　第（　）组长：_____　指导教师：_____

小组成员：_____

工作流程：

1．蓄电池容量检测

蓄电池型号	标称容量		实测值	结论
	A·h	CCA		

你认为这个蓄电池容量存储情况为_____。

2．蓄电池的恒压充电

（1）你使用的充电机型号：_____，实训车辆为_____，蓄电池是_____A。

（2）从车上拆下蓄电池，应先拆下蓄电池_____，后拆_____，你认为这样做有什么实际意义？_____。

（3）用万用表检测蓄电池开路电压，连接充电机与蓄电池，调整好充电机挡位，接通充电机电源，测量并记录充电数据，填写下表：

蓄电池开路电压	电流挡位	充电时间/h	充电电压/V	充电电流/A

（4）关闭充电机电源，断开充电机与蓄电池连线，将蓄电池装回实训车辆，安装蓄电池时，应先装_____，后装_____。

（5）整理充电机线缆，为下一组实训做好准备。

3．蓄电池技术状况检查

在教材中找到相应的标准数据，对实训车辆的空载电压、漏电电压、泄漏电流进行检测和对比，并填写下表：

检查项目	标准数据	实测数据	检测结论
空载电压			
漏电电压			
泄漏电流			

4．在实训教师的指导下，分组检测实训车辆或校区内其他老师的车辆，了解一下该车蓄电池的健康状态，给出建议并填写下表。

车型	蓄电池容量	实测数据	给车主的建议

实训总结：

1．通过这次实训，你学到了什么？

2．还有哪些不足的地方？

3．你有什么好的建议？

蓄电池的使用与性能检测——评价表　　No:2.2

任务名称					
小组成员				组长：	
你在小组中的角色					
你在小组中所做的工作					

评价项目	评价内容	配分	自评	组评	总评
检查任务完成情况	1. 正确完成实训前准备	5分			
	2. 认真完成小组分配给自己的任务	5分			
能正确完成汽车电源系统认知完整过程	1. 仪器操作熟练、测试准确、记录认真、描述正确	10分			
	2. 观察细致、填写准确	10分			
	3. 动作规范、描述准确	10分			
	4. 连接正确、测量准确、填写认真	15分			
	5. 操作规范，填写正确、认真	10分			
	6. 主动、认真执行	5分			
职业素养	1. 有较强的信息查阅和分析能力	10分			
	2. 工作表填写认真	5分			
	3. 未出现不安全的因素	5分			
	4. 小组间协作、交流与沟通	5分			
	5. 爱护设备，养成了6S的习惯	5分			
教师综合评价					
学习总结（学习心得及不足）					

任务 2.3

交流发电机的拆装——工作单　　No:2.3.1

教学周：_____　　班级：_____　　第（　）组长：_____　　指导教师：_____

小组成员：_____

工作流程：

1. 写出交流发电机的组成。

2. 分组进行汽车交流发电机拆装的练习，写出自己在发电机拆装中的心得和体会。

实训总结：

1. 通过这次实训，你学到了什么？

2. 还有哪些不足的地方？

3. 你有什么好的建议？

交流发电机的拆装——评价表　　No:2.3.1

任务名称						
小组成员						
					组长：	
你在小组中的角色						
你在小组中所做的工作						

评价项目	评价内容	配分	自评	组评	总评
检查任务完成情况	1. 完成任务过程情况	5分			
	2. 任务完成质量	10分			
	3. 在小组完成任务过程中所起作用	5分			
专业知识	1. 知道交流发电机的组成	10分			
	2. 知道各组成部分的功用	10分			
	3. 能够完成交流发电机的拆装	30分			
职业素养	1. 学习态度：积极主动参与学习	5分			
	2. 资讯能力：完整准确地收集信息	5分			
	3. 团队协作：善于合作，共同完成	5分			
	4. 责任意识：爱护仪器，作业单填写认真	5分			
	5. 安全规范：有安全意识，操作规范	5分			
	6. 现场管理：6S 执行认真，有环保意识	5分			
教师综合评价					
学习总结（学习心得及不足）					

交流发电机整机的检测——工作单　　No:2.3.2

教学周：_____　　班级：_____　　第（　）组长：_____　　指导教师：_____

小组成员：_____

工作流程：

1. 填写下表。

充电指示灯检测		
发动机状态	启动发动机	不启动发动机
充电指示灯是否点亮		

2．用一铁质物体检测发电机，当转子轴有磁性时说明什么情况，解释一下原因。

实训总结：

1．通过这次实训，你学到了什么？

2．还有哪些不足的地方？

3．你有什么好的建议？

交流发电机整机的检测——评价表　　No:2.3.2

任务名称					
小组成员					组长:
你在小组中的角色					
你在小组中所做的工作					

评价项目	评价内容	配分	自评	组评	总评
检查任务完成情况	1. 完成任务过程情况	5分			
	2. 任务完成质量	10分			
	3. 在小组完成任务过程中所起作用	5分			
专业知识	1. 了解交流发电机的工作原理	10分			
	2. 掌握交流发电机充电指示灯故障的检修方法	15分			
	3. 掌握交流发电机一般故障的检测方法	25分			
职业素养	1. 学习态度：积极主动参与学习	5分			
	2. 资讯能力：完整准确地收集信息	5分			
	3. 团队协作：善于合作，共同完成	5分			
	4. 责任意识：爱护仪器，作业单填写认真	5分			
	5. 安全规范：有安全意识，操作规范	5分			
	6. 现场管理：6S执行认真，有环保意识	5分			
教师综合评价					
学习总结（学习心得及不足）					

交流发电机零部件的检测与维修——工作单   No:2.3.3

教学周：_____   班级：_____   第（ ）组长：_____   指导教师：_____
小组成员：_____

工作流程：

1. 励磁绕组短路和断路的检查：

万用表检测检测两个集电环间电阻		说明励磁绕组状态
A发电机万用表数值		
B发电机万用表数值		
C发电机万用表数值		

2. 写出对励磁绕组绝缘性检查的方法和结果，并做出自己的判断。

3. 记录三次游标卡尺测量标准直径和厚度，并取平均值，判断是否更换集电环。

	集电环标准直径	集电环厚度
第一次测量		
第二次测量		
第三次测量		
平均值		
是否更换		

4. 简述检测钉子绕组的方法，并附上自己的检测结果。

5. 写出电刷组件的检查方法，并附上自己的检查结果。

实训总结：

1. 通过这次实训，你学到了什么？

2. 还有哪些不足的地方？

3. 你有什么好的建议？

交流发电机零部件的检测与维修——评价表　　No:2.3.3

任务名称					
小组成员				组长：	
你在小组中的角色					
你在小组中所做的工作					

评价项目	评价内容	配分	自评	组评	总评
检查任务完成情况	1. 完成任务过程情况	10分			
	2. 任务完成质量	10分			
	3. 在小组完成任务过程中所起作用	5分			
专业知识	1. 了解交流发电机的工作原理	10分			
	2. 掌握交流发电机励磁绕组的方法	10分			
	3. 掌握交流发电机集电环检测方法	10分			
	4. 掌握交流发电机定子检测方法	10分			
	5. 掌握交流发电机电刷组件检测方法	10分			
职业素养	1. 学习态度：积极主动参与学习	5分			
	2. 资讯能力：完整准确地收集信息	5分			
	3. 团队协作：善于合作，共同完成	5分			
	4. 责任意识：爱护仪器，作业单填写认真	5分			
	5. 安全规范：有安全意识，操作规范	5分			
	6. 现场管理：6S执行认真，有环保意识	5分			
教师综合评价					
学习总结（学习心得及不足）					

任务 2.4

汽车电源系统预防性维护——工作单　　No:2.4

教学周：_____　班级：_____　第（　）组长：_____　指导教师：_____

小组成员：_____

工作流程：

一、蓄电池检查维护

1．蓄电池目测检查

有无遗失部件	桩头夹是否牢固	线缆有无破损	桩头有无结晶	充电状态

2．蓄电池仪器检测

蓄电池型号	标称容量		实测值	结论
	A·h	CCA		

你认为这个蓄电池放电能力为_____。

二、发电机检查维护

1．发电机目测检查

散热装置完整度	发电机皮带松紧	线端子是否牢固	皮带有无破损	螺栓有无松动

2．发电机仪器检查

静态电压/V	充电电压/V	空载电流/A	负载电流/A	检测结论	
				充电状态：	负载能力：

三、电路电压降检测

按教材中实训指导，测量实训车辆蓄电池正极桩头与线夹间的电压降，并填下表：

点火开关位置	标准数据/V	实测数据/V	检测结论
ACC	0.02		
STA	0.7		
ON	0.05		

根据这一检测，你认为课前现场背景中的故障原因是_____。

四、在实训教师的指导下，自主制作表格，分组检查校区内其他教师的车辆，了解一下该车电源系统的健康状态，给出建议并填写下表。

车型	蓄电池状况	发电机状况	给车主的建议

实训总结：

1．通过这次实训，你学到了什么？

2．还有哪些不足的地方？

3．你有什么好的建议？

汽车电源系统预防性维护——评价表　　No:2.4

任务名称						
小组成员						组长:
你在小组中的角色						
你在小组中所做的工作						

评价项目	评价内容	配分	自评	组评	总评
检查任务完成情况	1. 正确完成实训前准备	5分			
	2. 认真完成小组分配给自己的任务	5分			
能正确完成汽车电源系统预防性维护的整个过程	1. 观察细致、记录无遗漏、填写认真	10分			
	2. 仪器操作熟练、测试准确、记录认真、描述正确	10分			
	3. 观察细致、记录无遗漏、填写认真	10分			
	4. 仪器操作熟练、测试准确、记录认真、描述正确	15分			
	5. 资讯正确、测量认真准确、填写认真、描述准确	10分			
	6. 评价认真、6S执行无遗漏	5分			
职业素养	1. 有较强的信息查阅和分析能力	10分			
	2. 工作表填写认真	5分			
	3. 未出现不安全的因素	5分			
	4. 小组间协作、交流与沟通	5分			
	5. 爱护设备,养成了6S的习惯	5分			
教师综合评价					
学习总结（学习心得及不足）					

模块 3

任务 3.1

认识启动系统的组成——工作单　　No:3.1

教学周：_____　班级：_____　第（　）组长：_____　指导教师：_____
小组成员：_____

工作流程：

1．汽车启动系统的作用是_____。

2．汽车启动系统由_____、_____、_____几个部分组成。

3．分组进行汽车启动系统各部分的识别练习，并填写下列表格。

序号	名称	作用
1		
2		
3		

实训总结：

1．通过这次实训，你学到了什么？

2．还有哪些不足的地方？

3．你有什么好的建议？

认识启动系统的组成——评价表　　No:3.1

任务名称					
小组成员					组长：
你在小组中的角色					
你在小组中所做的工作					

评价项目	评价内容	配分	自评	组评	总评
检查任务完成情况	1. 完成任务过程情况	5分			
	2. 任务完成质量	10分			
	3. 在小组完成任务过程中所起作用	5分			
专业知识	1. 能够说出启动系统各部分的名称	25分			
	2. 能够说出各部分的作用	25分			
职业素养	1. 学习态度：积极主动参与学习	5分			
	2. 资讯能力：完整准确地收集信息	5分			
	3. 团队协作：善于合作，共同完成	5分			
	4. 责任意识：爱护仪器，作业单填写认真	5分			
	5. 安全规范：有安全意识，操作规范	5分			
	6. 现场管理：6S执行认真，有环保意识	5分			
教师综合评价					
学习总结（学习心得及不足）					

任务 3.2

启动机的认识——工作单　　　No:3.2

教学周：_____　　班级：_____　　第（　）组长：_____　　指导教师：_____

小组成员：_____

工作流程：

1. 观察你们组启动机的型号并写出含义。型号：_____，含义是_____。

2. 根据你的观察填写下列表格：

序号	结构名称	作用
1		
2		
3		

实训总结：

1. 通过这次实训，你学到了什么？

2. 还有哪些不足的地方？

3. 你有什么好的建议？

启动机的认识——评价表　　No:3.2

任务名称					
小组成员				组长：	
你在小组中的角色					
你在小组中所做的工作					

评价项目	评价内容	配分	自评	组评	总评
检查任务完成情况	1. 完成任务过程情况	5分			
	2. 任务完成质量	10分			
	3. 在小组完成任务过程中所起作用	5分			
专业知识	1. 完整地说出启动机的组成	10分			
	2. 能够说出启动机各部分的作用	20分			
	3. 能够说出启动机型号的含义	20分			
职业素养	1. 学习态度：积极主动参与学习	5分			
	2. 资讯能力：完整准确地收集信息	5分			
	3. 团队协作：善于合作，共同完成	5分			
	4. 责任意识：爱护仪器，作业单填写认真	5分			
	5. 安全规范：有安全意识，操作规范	5分			
	6. 现场管理：6S执行认真，有环保意识	5分			
教师综合评价					
学习总结（学习心得及不足）					

任务 3.3

启动机的拆装——工作单　　　　No:3.3.1

教学周：_____　　班级：_____　　第（ ）组长：_____　　指导教师：_____

小组成员：_____

工作流程：

1. 写出启动机的拆装顺序。

2. 按写出的拆装顺序进行启动机的拆装。

实训总结：

1. 通过这次实训，你学到了什么？

2. 还有哪些不足的地方？

3. 你有什么好的建议？

启动机的拆装——评价表　　　　No:3.3.1

任务名称						
小组成员						组长：
你在小组中的角色						
你在小组中所做的工作						

评价项目	评价内容	配分	自评	组评	总评
检查任务完成情况	1. 完成任务过程情况	5分			
	2. 任务完成质量	10分			
	3. 在小组完成任务过程中所起作用	5分			
专业知识	1. 能够正确拆卸启动机	25分			
	2. 能够正确装配启动机	25分			
职业素养	1. 学习态度：积极主动参与学习	5分			
	2. 资讯能力：完整准确地收集信息	5分			
	3. 团队协作：善于合作，共同完成	5分			
	4. 责任意识：爱护仪器，作业单填写认真	5分			
	5. 安全规范：有安全意识，操作规范	5分			
	6. 现场管理：6S 执行认真，有环保意识	5分			
教师综合评价					
学习总结（学习心得及不足）					

直流电动机部件的检修——工作单　　　　No:3.3.2

教学周：_____　班级：_____　第（　）组长：_____　指导教师：_____

小组成员：_____

工作流程：

　　将实验数据填入下列表格：

序号	检测项目	检测结果	分析判断是否正常
1	定子绕组		
2	转子绕组		
3	换向器		
4	电刷及电刷架		

实训总结：

　　1．通过这次实训，你学到了什么？

　　2．还有哪些不足的地方？

　　3．你有什么好的建议？

直流电动机部件的检修——评价表　　No:3.3.2

任务名称					
小组成员					组长：
你在小组中的角色					
你在小组中所做的工作					

评价项目	评价内容	配分	自评	组评	总评
检查任务完成情况	1. 完成任务过程情况	5分			
	2. 任务完成质量	10分			
	3. 在小组完成任务过程中所起作用	5分			
专业知识	1. 能够拆直流电动机	5分			
	2. 能够检测定子绕组	5分			
	3. 能够正确检测转子绕组和转子轴	10分			
	4. 能够正确检测换向器	15分			
	5. 能够正确检测电刷及电刷架	15分			
职业素养	1. 学习态度：积极主动参与学习	5分			
	2. 资讯能力：完整准确地收集信息	5分			
	3. 团队协作：善于合作，共同完成	5分			
	4. 责任意识：爱护仪器，作业单填写认真	5分			
	5. 安全规范：有安全意识，操作规范	5分			
	6. 现场管理：6S 执行认真，有环保意识	5分			
教师综合评价					
学习总结（学习心得及不足）					

单向离合器的检修——工作单　　　　No:3.3.3

教学周：_____　　班级：_____　　第（　）组长：_____　　指导教师：_____

小组成员：_____

工作流程：

将实验数据填入下列表格：

序号	检测项目	检测结果	分析判断是否正常
1	单向离合器的转矩检测		

实训总结：

1．通过这次实训，你学到了什么？

2．还有哪些不足的地方？

3．你有什么好的建议？

单向离合器的检修——评价表　　　　　　No:3.3.3

任务名称					
小组成员				组长：	
你在小组中的角色					
你在小组中所做的工作					

评价项目	评价内容	配分	自评	组评	总评
检查任务完成情况	1. 完成任务过程情况	5分			
	2. 任务完成质量	10分			
	3. 在小组完成任务过程中所起作用	5分			
专业知识	1. 用扭力扳手检测离合器的转矩	25分			
	2. 能够进行更换和调整	25分			
职业素养	1. 学习态度：积极主动参与学习	5分			
	2. 资讯能力：完整准确地收集信息	5分			
	3. 团队协作：善于合作，共同完成	5分			
	4. 责任意识：爱护仪器，作业单填写认真	5分			
	5. 安全规范：有安全意识，操作规范	5分			
	6. 现场管理：6S执行认真，有环保意识	5分			
教师综合评价					
学习总结（学习心得及不足）					

电磁开关的检修——工作单　　　　No:3.3.4

教学周：_____　班级：_____　第（　）组长：_____　指导教师：_____
小组成员：_____

工作流程：

将实验数据填入下列表格：

序号	检测项目	检测结果	分析判断是否正常
1	吸引线圈和保持线圈的检测		
2	接触盘和触点的检测		
3	复位弹簧的检测		

实训总结：

1．通过这次实训，你学到了什么？

2．还有哪些不足的地方？

3．你有什么好的建议？

电磁开关的检修——评价表　　　No:3.3.4

任务名称						
小组成员					组长：	
你在小组中的角色						
你在小组中所做的工作						

评价项目	评价内容	配分	自评	组评	总评
检查任务完成情况	1．完成任务过程情况	5分			
	2．任务完成质量	10分			
	3．在小组完成任务过程中所起作用	5分			
专业知识	1．会用万用表检测吸引线圈和保持线圈	25分			
	2．会处理接触盘和触点	15分			
	3．会检测复位弹簧	10分			
职业素养	1．学习态度：积极主动参与学习	5分			
	2．资讯能力：完整准确地收集信息	5分			
	3．团队协作：善于合作，共同完成	5分			
	4．责任意识：爱护仪器，作业单填写认真	5分			
	5．安全规范：有安全意识，操作规范	5分			
	6．现场管理：6S执行认真，有环保意识	5分			
教师综合评价					
学习总结（学习心得及不足）					

任务 3.4

开关直接控制启动电路的连接——工作单　　No:3.4.1

教学周：_____　　班级：_____　　第（　）组长：_____　　指导教师：_____

小组成员：_____

工作流程：

1. 根据原理图如图 3.12 所示。

2. 学生自己画出接线图，然后连接电路。

接线图

实训总结：

1. 通过这次实训，你学到了什么？

2. 还有哪些不足的地方？

3. 你有什么好的建议？

开关直接控制启动电路的连接——评价表   No:3.4.1

任务名称					
小组成员					
				组长:	
你在小组中的角色					
你在小组中所做的工作					

评价项目	评价内容	配分	自评	组评	总评
检查任务完成情况	1. 完成任务过程情况	5分			
	2. 任务完成质量	10分			
	3. 在小组完成任务过程中所起作用	5分			
专业知识	1. 画出开关直接控制启动机电路接线图	25分			
	2. 是否正确连接电路	25分			
职业素养	1. 学习态度：积极主动参与学习	5分			
	2. 资讯能力：完整准确地收集信息	5分			
	3. 团队协作：善于合作，共同完成	5分			
	4. 责任意识：爱护仪器，作业单填写认真	5分			
	5. 安全规范：有安全意识，操作规范	5分			
	6. 现场管理：6S 执行认真，有环保意识	5分			
教师综合评价					
学习总结（学习心得及不足）					

继电器控制启动电路的连接——工作单　　No:3.4.2

教学周：_____　班级：_____　第（　）组长：_____　指导教师：_____
小组成员：_____

工作流程：

1. 电路原理图如图 3.13 所示。
2. 同学画出接线图，修改正确后连接电路。

接线图

实训总结：

1. 通过这次实训，你学到了什么？

2. 还有哪些不足的地方？

3. 你有什么好的建议？

继电器控制启动电路的连接——评价表   No:3.4.2

任务名称					
小组成员					
				组长：	
你在小组中的角色					
你在小组中所做的工作					

评价项目	评价内容	配分	自评	组评	总评
检查任务完成情况	1. 完成任务过程情况	5分			
	2. 任务完成质量	10分			
	3. 在小组完成任务过程中所起作用	5分			
专业知识	1. 讨论画出接线图	25分			
	2. 连接电路	25分			
职业素养	1. 学习态度：积极主动参与学习	5分			
	2. 资讯能力：完整准确地收集信息	5分			
	3. 团队协作：善于合作，共同完成	5分			
	4. 责任意识：爱护仪器，作业单填写认真	5分			
	5. 安全规范：有安全意识，操作规范	5分			
	6. 现场管理：6S 执行认真，有环保意识	5分			
教师综合评价					
学习总结（学习心得及不足）					

复合继电器控制启动电路的连接——工作单　　　　No:3.4.3

教学周：_____　　班级：_____　　第（ ）组组长：_____　　指导教师：_____

小组成员：_____

工作流程：

1. 电路原理图如图 3.14 所示。
2. 小组讨论画出接线图，然后连接电路。

接线图

实训总结：

1. 通过这次实训，你学到了什么？

2. 还有哪些不足的地方？

3. 你有什么好的建议？

复合继电器控制启动电路的连接——评价表　　No:3.4.3

任务名称					
小组成员					组长：
你在小组中的角色					
你在小组中所做的工作					

评价项目	评价内容	配分	自评	组评	总评
检查任务完成情况	1. 完成任务过程情况	5分			
	2. 任务完成质量	10分			
	3. 在小组完成任务过程中所起作用	5分			
专业知识	1. 正确画出接线图	25分			
	2. 正确连接启动电路	25分			
职业素养	1. 学习态度：积极主动参与学习	5分			
	2. 资讯能力：完整准确地收集信息	5分			
	3. 团队协作：善于合作，共同完成	5分			
	4. 责任意识：爱护仪器，作业单填写认真	5分			
	5. 安全规范：有安全意识，操作规范	5分			
	6. 现场管理：6S执行认真，有环保意识	5分			
教师综合评价					
学习总结（学习心得及不足）					

任务 3.5

启动机不转故障的诊断与排除——工作单　　　　No:3.5.1

教学周：_____　　班级：_____　　第（　）组长：_____　　指导教师：_____

小组成员：_____

工作流程：

1. 启动机不转故障现象的原因有哪些？

2. 将实验数据填入下列表格：

序号	检测项目	检测结果	分析判断是否正常
1	电源的检测		
2	点火开关的检测		
3	点火线路的检测		
4	启动机的检测（换向器与电刷接触情况，励磁绕组或电枢绕组是否有断路或短路，绝缘电刷是否搭铁，电磁开关线圈是否断路、短路、搭铁或触点是否烧蚀）		

实训总结：

1. 通过这次实训，你学到了什么？

2. 还有哪些不足的地方？

3. 你有什么好的建议？

启动机不转故障的诊断与排除——评价表　　No:3.5.1

任务名称	
小组成员	组长：
你在小组中的角色	
你在小组中所做的工作	

评价项目	评价内容	配分	自评	组评	总评
检查任务完成情况	1. 完成任务过程情况	5分			
	2. 任务完成质量	10分			
	3. 在小组完成任务过程中所起作用	5分			
专业知识	1. 能够进行电源的检测	10分			
	2. 能够进行点火开关的检测	10分			
	3. 能够进行点火线路的检测	10分			
	4. 能够进行启动机的检测	20分			
职业素养	1. 学习态度：积极主动参与学习	5分			
	2. 资讯能力：完整准确地收集信息	5分			
	3. 团队协作：善于合作，共同完成	5分			
	4. 责任意识：爱护仪器，作业单填写认真	5分			
	5. 安全规范：有安全意识，操作规范	5分			
	6. 现场管理：6S 执行认真，有环保意识	5分			
教师综合评价					
学习总结（学习心得及不足）					

启动机启动无力故障的诊断与排除——工作单　　No:3.5.2

教学周：_____　班级：_____　第（　）组长：_____　指导教师：_____
小组成员：_____

工作流程：

1．启动机启动无力常见的故障原因有哪些？

2．将实验数据填入下列表格：

序号	检测项目	检测结果	分析判断是否正常
1	电源的检测		
2	励磁绕组或电枢绕组		
3	换向器与电刷的接触情况		
4	电磁开关接触盘和触点接触情况		

实训总结：

1．通过这次实训，你学到了什么？

2．还有哪些不足的地方？

3．你有什么好的建议？

启动机启动无力故障的诊断与排除——评价表　　　　No:3.5.2

任务名称					
小组成员				组长：	
你在小组中的角色					
你在小组中所做的工作					

评价项目	评价内容	配分	自评	组评	总评
检查任务完成情况	1. 完成任务过程情况	5分			
	2. 任务完成质量	10分			
	3. 在小组完成任务过程中所起作用	5分			
专业知识	1. 能够对电源进行检测判断	25分			
	2. 能够对启动机进行检测判断	25分			
职业素养	1. 学习态度：积极主动参与学习	5分			
	2. 资讯能力：完整准确地收集信息	5分			
	3. 团队协作：善于合作，共同完成	5分			
	4. 责任意识：爱护仪器，作业单填写认真	5分			
	5. 安全规范：有安全意识，操作规范	5分			
	6. 现场管理：6S执行认真，有环保意识	5分			
教师综合评价					
学习总结（学习心得及不足）					

启动机空转故障的诊断与排除——工作单　　　No:3.5.3

教学周：_____　　班级：_____　　第（　）组长：_____　　指导教师：_____
小组成员：_____

工作流程：

1. 启动机空转的故障原因有哪些？

2. 将实验数据填入下列表格：

序号	检测项目	检测结果	分析判断是否正常
1	传动部分的检修（飞轮齿圈牙齿或启动机小齿轮牙齿是否磨损严重或已损坏；单向离合器弹簧是否损坏；单向离合器滚子是否磨损严重；单向离合器套管的花键槽是否锈蚀；检查传动装置是否有卡死情况。）		
2	电磁开关部分的检修（驱动齿轮与飞轮齿啮合的时间）		

实训总结：

1. 通过这次实训，你学到了什么？

2. 还有哪些不足的地方？

3. 你有什么好的建议？

启动机空转故障的诊断与排除————评价表　　　No:3.5.3

任务名称					
小组成员				组长：	
你在小组中的角色					
你在小组中所做的工作					

评价项目	评价内容	配分	自评	组评	总评
检查任务完成情况	1. 完成任务过程情况	5分			
	2. 任务完成质量	10分			
	3. 在小组完成任务过程中所起作用	5分			
专业知识	1. 能够对传动部分进行检测	25分			
	2. 能够对电磁开关进行检测	25分			
职业素养	1. 学习态度：积极主动参与学习	5分			
	2. 资讯能力：完整准确地收集信息	5分			
	3. 团队协作：善于合作，共同完成	5分			
	4. 责任意识：爱护仪器，作业单填写认真	5分			
	5. 安全规范：有安全意识，操作规范	5分			
	6. 现场管理：6S执行认真，有环保意识	5分			
教师综合评价					
学习总结（学习心得及不足）					

模块 4

任务 4.1

汽车照明系统各照明灯具的识别——工作单　　No:4.1.1

教学周：_____　班级：_____　第（　）组长：_____　指导教师：_____

小组成员：_____

工作流程：

1．（在空格处进行正确填写）

（1）汽车照明系统的作用是：_____。

（2）汽车照明系统的分类，外部照明装置有：_____
_____；

内部照明装置有：_____。

2．分组进行汽车照明系统各灯具（外部照明装置、内部照明装置）的识别练习。

3．根据你的观察和练习填写下列表格：

序号	灯具名称	安装位置	灯具个数
1			
2			
3			
4			
5			
6			
7			
8			
9			
10			

实训总结：

1．通过这次实训，你学到了什么？

2．还有哪些不足的地方？

3．你有什么好的建议？

前照灯灯泡的结构认识——工作单   No:4.1.2

教学周：_____ **班级：**_____ **第（ ）组长：**_____ **指导教师：**_____

小组成员：_____

工作流程：

1．（在空格处进行正确填写）

（1）汽车前照灯的要求：_____。

（2）汽车前照灯由哪些零部件组成？_____。

（3）汽车前照灯的分类：_____。

2．分组进行汽车前照灯结构及前照灯灯泡分类的识别练习并填写下面空格。

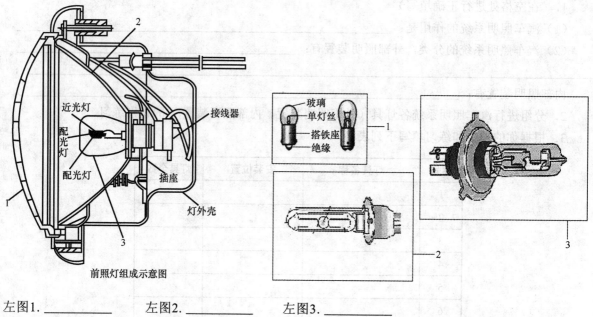

左图1._____   左图2._____   左图3._____

右图1._____   右图2._____   右图3._____

实训总结：

1．通过这次实训，你学到了什么？

2．还有哪些不足的地方？

3．你有什么好的建议？

汽车照明系统各照明灯开关的操控——工作单　　No:4.1.3

教学周：_____　　班级：_____　　第（　）组长：_____　　指导教师：_____

小组成员：_____

工作流程：

1．（在空格处进行正确填写）

（1）汽车前组合灯包括：_____。

（2）汽车后组合灯包括：_____。

（3）汽车前照灯防眩目措施：_____

_____。

2．分组进行汽车照明系统各灯光开关的操控练习。

3．通过观察和练习填写下列表格：

序号	灯具名称	用途	工作时灯光颜色
1			
2			
3			
4			
5			
6			
7			
8			
9			
10			

实训总结：

1．通过这次实训，你学到了什么？

2．还有哪些不足的地方

3．你有什么好的建议？

汽车照明系统——评价表　　No:4.1

任务名称					
小组成员				组长：	
你在小组中的角色					
你在小组中所做的工作					

评价项目	评价内容	配分	自评	组评	总评
专业知识技能	1. 能够完整地叙述照明系统的作用、分类	5分			
	2. 能够完整地叙述照明灯的种类、用途及特点	10分			
	3. 能够准确地识别各照明系统各灯具	10分			
	4. 能够完整地叙述前照灯的组成、要求及防眩目措施	5分			
	5. 能够正确地操控照明系统各开关	15分			
任务完成情况	1. 任务完成情况（圆满完成、基本完成、未完成）	10分			
	2. 任务完成的质量（优秀、良好、不及格）	10分			
	3. 在小组中所起的作用（主要、协助、未参与）	10分			
职业素养	1. 学习态度：积极主动参与学习	5分			
	2. 团队协作：善于合作，共同完成	5分			
	3. 责任意识：爱护设备，作业单填写认真	5分			
	4. 安全规范：有安全意识，操作规范	5分			
	5. 现场管理：6S执行认真，有环保意识	-5分			
教师综合评价					
学习总结（学习心得及不足）					

任务 4.2

汽车前大灯组合开关、继电器结构的认识——工作单　　No:4.2.1

教学周：_____　　班级：_____　　第（　）组长：_____　　指导教师：_____

小组成员：_____

工作流程：

1．（在空格处进行正确填写）

（1）汽车前大灯控制电路的组成：_____。

（2）汽车前大灯开关的种类：_____。

（3）汽车前大灯变光开关的种类：_____。

2．分组进行汽车前大灯组合开关、继电器的结构认识练习。

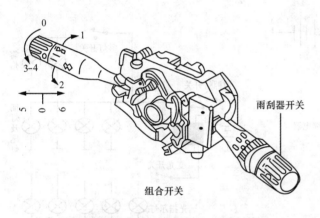

组合开关

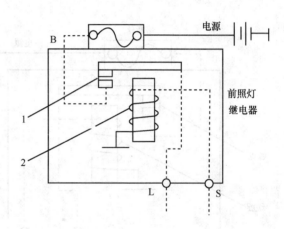

3．根据你的观察和练习填写下面空格：

（1）左上图是_____组合开关。

（2）将开关分别向右上 1 和左下 2 位置扳动是：_____。

（3）将开关从 0 依次转动到 3-4 位置是：_____。

（4）将开关由 0 扳到 5 位置是：_____。

（5）右上图是前照灯继电器的结构图，图中 1 是_____，2 是_____。

（6）右上图中 S 接线柱与_____连接，L 与_____连接。

实训总结：

1．通过这次实训，你学到了什么？

2．还有哪些不足的地方？

3．你有什么好的建议？

前大灯控制电路的连接——工作单　　　　　　No:4.2.2

教学周：_____　班级：_____　第（　）组长：_____　指导教师：_____
小组成员：_____

工作流程：

1. （在空格处进行正确填写）

    （1）汽车前大灯继电器的工作原理：_____。

    （2）汽车前大灯控制电路的工作原理：_____
    _____。

    （3）汽车前大灯的辅助装置有哪些？_____
    _____。

2. 分组进行汽车前大灯继电器工作原理以及汽车前大灯控制电路的连接的练习。

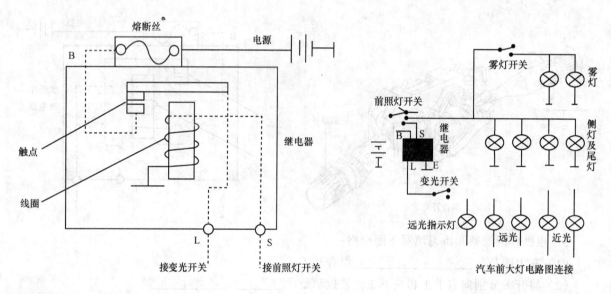

实训总结：

1. 通过这次实训，你学到了什么？

2. 还有哪些不足的地方？

3. 你有什么好的建议？

汽车前大灯的控制电路及辅助装置——评价表　　No:4.2

任务名称					
小组成员				组长：	
你在小组中的角色					
你在小组中所做的工作					

评价项目	评价内容	配分	自评	组评	总评
专业知识技能	1. 能够完整地叙述前大灯控制电路的组成	5分			
	2. 能够完整地叙述汽车前大灯开关、变光开关的种类	5分			
	3. 能够准确地识别前大灯组合开关、继电器的结构	10分			
	4. 能够完整地叙述前照灯控制电路的工作原理	10分			
	5. 能够正确地连接前大灯的控制电路	15分			
任务完成情况	1. 任务完成情况（圆满完成、基本完成、未完成）	10分			
	2. 任务完成的质量（优秀、良好、不及格）	10分			
	3. 在小组中所起的作用（主要、协助、未参与）	10分			
职业素养	1. 学习态度：积极主动参与学习	5分			
	2. 团队协作：善于合作，共同完成	5分			
	3. 责任意识：爱护设备，作业单填写认真	5分			
	4. 安全规范：有安全意识，操作规范	5分			
	5. 现场管理：6S执行认真，有环保意识	5分			
教师综合评价					
学习总结（学习心得及不足）					

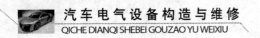

任务 4.3

汽车前大灯的检测与调整——工作单　　No:4.3.1

教学周：＿＿＿＿＿　班级：＿＿＿＿＿　第（　）组长：＿＿＿＿＿　指导教师：＿＿＿＿＿

小组成员：＿＿

工作流程：

1．（在空格处进行正确填写）

（1）汽车前照灯的要求是：＿＿＿＿＿＿＿＿＿＿＿＿＿＿＿＿＿＿＿＿＿＿＿＿＿＿＿＿＿＿。

（2）汽车前照灯检测方法种类有：＿＿＿＿＿＿＿＿＿＿＿＿＿＿＿＿＿＿＿＿＿＿＿＿＿＿。

（3）仪器检测法的种类有：＿＿＿＿＿＿＿＿＿＿＿＿＿＿＿＿＿＿＿＿＿＿＿＿＿＿＿＿＿。

（4）汽车前照灯光束位置的规定是：＿＿＿＿＿＿＿＿＿＿＿＿＿＿＿＿＿＿＿＿＿＿＿＿＿。

（5）汽车前照灯光束强度的要求是：

检查项目、车辆类型	新注册车		在用车	
	两灯制	四灯制	两灯制	四灯制
汽车、无轨电车				
四轮农用运输车				

2．分组进行汽车前大灯的检测与调整的练习。

实训总结：

1．通过这次实训，你学到了什么？

2．还有哪些不足的地方？

3．你有什么好的建议？

汽车前大灯灯泡的更换——工作单　　No:4.3.2

教学周：_____　　班级：_____　　第（　）组长：_____　　指导教师：_____

小组成员：_____

工作流程：

1．（在空格处进行正确填写）

（1）汽车前照灯的组成：_____。

（2）汽车前照灯灯泡的种类：_____。

2．分组进行汽车前大灯灯泡的检查与更换练习。

实训总结：

1．通过这次实训，你学到了什么？

2．还有哪些不足的地方？

3．你有什么好的建议？

汽车前大灯的检测与更换——评价表　　No:4.3

任务名称					
小组成员					
				组长：	
你在小组中的角色					
你在小组中所做的工作					

评价项目	评价内容	配分	自评	组评	总评
专业知识技能	1. 能够完整地叙述前照灯检测方法及仪器检测法的种类	5分			
	2. 能够完整地叙述前照灯的组成、前照灯灯泡的种类	5分			
	3. 能够正确地对前大灯进行检测与调整	20分			
	4. 能够正确地对前大灯灯泡进行检查与更换	15分			
任务完成情况	1. 任务完成情况（圆满完成、基本完成、未完成）	10分			
	2. 任务完成的质量（优秀、良好、不及格）	10分			
	3. 在小组中所起的作用（主要、协助、未参与）	10分			
职业素养	1. 学习态度：积极主动参与学习	5分			
	2. 团队协作：善于合作，共同完成	5分			
	3. 责任意识：爱护设备，作业单填写认真	5分			
	4. 安全规范：有安全意识，操作规范	5分			
	5. 现场管理：6S执行认真，有环保意识	5分			
教师综合评价					
学习总结（学习心得及不足）					

任务 4.4

信号系统各灯具的识别及开关的操控——工作单　　　No:4.4.1

教学周：_____　班级：_____　第（　）组长：_____　指导教师：_____

小组成员：_____

工作流程：

1．（在空格处进行正确填写）

（1）汽车信号系统的作用是：_____。

（2）汽车信号系统的组成是：_____。

（3）根据你的观察和练习填写下列表格：

序号	灯具名称	安装位置	灯具个数	用途	工作时灯光的颜色
1					
2					
3					
4					
5					
6					
7					
8					
9					
10					

2．分组进行汽车信号灯的识别练习。

实训总结：

1．通过这次实训，你学到了什么？

2．还有哪些不足的地方？

3．你有什么好的建议？

电喇叭的结构认识及电路的控制原理——工作单　　No:4.4.2

教学周：_____ 班级：_____ 第（ ）组长：_____ 指导教师：_____
小组成员：_____

工作流程：

1．（在空格处进行正确填写）

（1）汽车喇叭的作用是：_____。

（2）汽车喇叭的分类是：_____。

（3）通过观察填写盆形电喇叭的结构名称：

1．_____　　2．_____

3．_____　　4．_____

5．_____　　6．_____

7．_____　　8．_____

9．_____　　10．_____

2．分组进行汽车电喇叭的结构认识及电路控制原理练习。

实训总结：

1．通过这次实训，你学到了什么？

2．还有哪些不足的地方？

3．你有什么好的建议？

汽车信号系统考核——评价表　　No:4.4

任务名称					
小组成员				组长：	
你在小组中的角色					
你在小组中所做的工作					

评价项目	评价内容	配分	自评	组评	总评
专业知识技能	1. 能够完整地叙述信号系统的作用、组成	5分			
	2. 能够完整地叙述信号灯的种类、用途及特点	10分			
	3. 能够正确识别和操控汽车各信号灯	15分			
	4. 能够完整地叙述汽车喇叭的作用、分类	5分			
	5. 能够完整地叙述汽车电喇叭的工作原理	10分			
任务完成情况	1. 任务完成情况（圆满完成、基本完成、未完成）	10分			
	2. 任务完成的质量（优秀、良好、不及格）	10分			
	3. 在小组中所起的作用（主要、协助、未参与）	10分			
职业素养	1. 学习态度：积极主动参与学习	5分			
	2. 团队协作：善于合作，共同完成	5分			
	3. 责任意识：爱护设备，作业单填写认真	5分			
	4. 安全规范：有安全意识，操作规范	5分			
	5. 现场管理：6S执行认真，有环保意识	5分			
教师综合评价					
学习总结（学习心得及不足）					

任务 4.5

汽车转向信号灯具、闪光器的结构认识——工作单　　No:4.5.1

教学周：_____　　班级：_____　　第（　）组长：_____　　指导教师：_____

小组成员：_____

工作流程：

1．（在空格处进行正确填写）

（1）汽车转向信号灯的作用是：_____。

（2）闪光器的分类：_____。

（3）根据你的观察和练习填写下面空格：

1._____

2._____

3._____

4._____

A 接线柱连接_____

B 接线柱连接_____

2．分组进行汽车转向信号灯及闪光器结构的认识练习。

实训总结：

1．通过这次实训，你学到了什么？

2．还有哪些不足的地方？

3．你有什么好的建议？

汽车转向信号电路的连接——工作单　　No:4.5.2

教学周：_____　　班级：_____　　第（　）组长：_____　　指导教师：_____

小组成员：_____

工作流程：

1．（在空格处进行正确填写）

（1）汽车转向信号灯电路的组成：_____。

（2）电热丝式闪光器的工作原理：_____。

2．分组进行汽车转向信号灯电路的连接练习。

转向信号灯的电路图

实训总结：

1．通过这次实训，你学到了什么？

2．还有哪些不足的地方？

3．你有什么好的建议？

汽车转向电路的连接——评价表　　No:4.5

任务名称					
小组成员					
				组长：	
你在小组中的角色					
你在小组中所做的工作					

评价项目	评价内容	配分	自评	组评	总评
专业知识技能	1. 能够完整地叙述转向信号灯的作用、闪光器的分类	5分			
	2. 能够完整地叙述转向信号灯电路的组成	5分			
	3. 能够正确地识别转向灯及闪光器的结构	5分			
	4. 能够完整地叙述电热丝式闪光器的工作原理	15分			
	5. 能够正确地进行汽车转向信号灯电路的连接	15分			
任务完成情况	1. 任务完成情况（圆满完成、基本完成、未完成）	10分			
	2. 任务完成的质量（优秀、良好、不及格）	10分			
	3. 在小组中所起的作用（主要、协助、未参与）	10分			
职业素养	1. 学习态度：积极主动参与学习	5分			
	2. 团队协作：善于合作，共同完成	5分			
	3. 责任意识：爱护设备，作业单填写认真	5分			
	4. 安全规范：有安全意识，操作规范	5分			
	5. 现场管理：6S执行认真，有环保意识	5分			
教师综合评价					
学习总结（学习心得及不足）					

任务 4.6

汽车各仪表灯的识别和操控——工作单　　　　No:4.6.1

教学周：_____　　班级：_____　　第（　）组　组长：_____　　指导教师：_____

小组成员：_____

工作流程：

1．（在空格处进行正确填写）

（1）汽车仪表系统的作用是：_____。

（2）汽车仪表的分类：_____。

（3）电子显示组合仪表的组成是：_____。

2．分组进行汽车仪表系统各灯具的识别练习并填写下面空格。

1．_____

2．_____

3．_____

4．_____

实训总结：

1．通过这次实训，你学到了什么？

2．还有哪些不足的地方？

3．你有什么好的建议？

电热式水温表的结构及原理——工作单　　　　No:4.6.2

教学周：_____　　班级：_____　　第（　）组组长：_____　　指导教师：_____

小组成员：_____

工作流程：

1．（在空格处进行正确填写）

（1）冷却液温度表（水温表）的作用是：_____。

（2）冷却液温度表的分类：_____。

（3）冷却液温度传感器的分类：_____。

2．分组进行电热式冷却液温度表的结构认识及叙述其工作原理的练习。

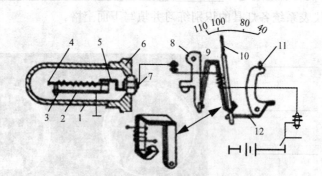

电热式冷却液温度表与双金属片式传感器
1—铜壳；2—底板；3—固定触点；4、9—双金属片；5—接触片；6—壳；
7—接线柱；8、11—调整齿扇；10—指针；12—弹簧

实训总结：

1．通过这次实训，你学到了什么？

2．还有哪些不足的地方？

3．你有什么好的建议？

汽车仪表系统考核——评价表　　No:4.6

任务名称					
小组成员					组长：
你在小组中的角色					
你在小组中所做的工作					

评价项目	评价内容	配分	自评	组评	总评
专业知识技能	1. 能够完整地叙述仪表系统的作用、分类	5分			
	2. 能够完整地叙述显示组合仪表的组成	5分			
	3. 能够正确地识别仪表系统各灯具	10分			
	4. 能够完整地叙述冷却液温度表、传感器的作用、分类	10分			
	5. 能够完整地叙述电热式冷却液温度表的工作原理	15分			
任务完成情况	1. 任务完成情况（圆满完成、基本完成、未完成）	10分			
	2. 任务完成的质量（优秀、良好、不及格）	10分			
	3. 在小组中所起的作用（主要、协助、未参与）	10分			
职业素养	1. 学习态度：积极主动参与学习	5分			
	2. 团队协作：善于合作，共同完成	5分			
	3. 责任意识：爱护设备，作业单填写认真	5分			
	4. 安全规范：有安全意识，操作规范	5分			
	5. 现场管理：6S执行认真，有环保意识	5分			
教师综合评价					
学习总结（学习心得及不足）					

任务 4.7

汽车各报警装置的识别及图形含义——工作单　　No:4.7.1

教学周：_____　　班级：_____　　第（　）组组长：_____　　指导教师：_____

小组成员：_____

工作流程：

　　1．（在空格处进行正确填写）

　　（1）汽车报警装置的作用是：_____。

　　（2）汽车报警装置的分类：_____。

　　（3）根据你的观察填写下面报警装置图形的含义（将名称写在图形的下面）：

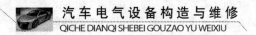

常见图形符号及其含义

　　2．分组进行汽车报警装置的识别及图形含义的练习。

实训总结：

　　1．通过这次实训，你学到了什么？

　　2．还有哪些不足的地方？

　　3．你有什么好的建议？

报警装置传感器性能的检测——工作单　　No:4.7.2

教学周：_____　　班级：_____　　第（　）组长：_____　　指导教师：_____

小组成员：_____

工作流程：

1．（在空格处进行正确填写）

（1）灯光报警装置安装的位置及特点：_____。

（2）声音报警装置有：_____。

（3）机油压力报警灯的作用：_____。

（4）冷却液雾灯报警灯的作用：_____。

（5）燃油量报警灯的作用：_____。

（6）制动液面报警灯的作用：_____。

2．分组进行各报警装置传感器性能检测的练习并填写下面表格。

用试灯法对报警装置传感器进行检测并做出性能判断

传感器名称	检测条件	试灯工作情况	检测结果	性能判断
机油压力报警传感器	自然状态			
	通入0.2 MPa气压			
冷却液温度过高报警传感器	常温自然状态			
	加热温度大于105 ℃			
热敏电阻式燃油量报警传感器	自然状态			
	浸在水中			
制动液面过低报警传感器	浮子远离舌簧开关			
	浮子靠近舌簧开关			

实训总结：

1．通过这次实训，你学到了什么？

2．还有哪些不足的地方？

3．你有什么好的建议？

汽车报警装置考核——评价表　　No:4.7

任务名称					
小组成员				组长：	
你在小组中的角色					
你在小组中所做的工作					

评价项目	评价内容	配分	自评	组评	总评
专业知识技能	1．能够完整地叙述报警装置的作用、分类	5分			
	2．能够正确地识别各报警装置图形的含义	10分			
	3．能够准确地识别各报警装置	10分			
	4．能够用试灯对机油压力、水温、燃油、制动液面报警装置传感器进行检测和性能判断	20分			
任务完成情况	1．任务完成情况（圆满完成、基本完成、未完成）	10分			
	2．任务完成的质量（优秀、良好、不及格）	10分			
	3．在小组中所起的作用（主要、协助、未参与）	10分			
职业素养	1．学习态度：积极主动参与学习	5分			
	2．团队协作：善于合作，共同完成	5分			
	3．责任意识：爱护设备，作业单填写认真	5分			
	4．安全规范：有安全意识，操作规范	5分			
	5．现场管理：6S执行认真，有环保意识	5分			
教师综合评价					
学习总结（学习心得及不足）					

模块 5

任务 5.1

电动车窗升降器的拆装——工作单　　　　No:5.1.1

教学周：_____　班级：_____　第（　）组长：_____　指导教师：_____

小组成员：_____

工作流程：

1. 简述电动车窗升降器拆除步骤。

2. 简述拆除时注意事项及自己的体会与技巧。

实训总结：

1. 通过这次实训，你学到了什么？

2. 还有哪些不足的地方？

3. 你有什么好的建议？

电动车窗升降器的拆装——评价表　　No:5.1.1

任务名称					
小组成员				组长：	
你在小组中的角色					
你在小组中所做的工作					

评价项目	评价内容	配分	自评	组评	总评
检查任务完成情况	1. 完成任务过程情况	5分			
	2. 任务完成质量	10分			
	3. 在小组完成任务过程中所起作用	5分			
专业知识	1. 能够简单叙述出电动车窗动力传动的过程	15分			
	2. 知道电动车窗的组成	10分			
	3. 能够对电动车窗升降器进行检测和更换	25分			
职业素养	1. 学习态度：积极主动参与学习	5分			
	2. 资讯能力：完整准确地收集信息	5分			
	3. 团队协作：善于合作，共同完成	5分			
	4. 责任意识：爱护仪器，作业单填写认真	5分			
	5. 安全规范：有安全意识，操作规范	5分			
	6. 现场管理：6S执行认真，有环保意识	5分			
教师综合评价					
学习总结（学习心得及不足）					

电动车窗主要元件的检测——工作单　　No:5.1.2

教学周：_____　　班级：_____　　第（　）组组长：_____　　指导教师：_____

小组成员：_____

工作流程：

1. 分组进行汽车电动车窗主控开关检测，将检测结果填入下表。

附表 5.1

按下开关名称	万用表				开关好坏判断
	黑表笔测试端子名称	红表笔测试端子名称	挡位	数值	
左前门窗上升	2	4			
左前门窗下降	1	4			
右前门窗上升	2	4			
右前门窗下降	1	4			
左后门窗上升	2	4			
左后门窗下降	1	4			
右后门窗上升	2	4			
右后门窗下降	1	4			
安全开关 LOCK 位置	3	5			
安全开关 UNLOCK 位置	3	5			

2. 检测电动车窗分开关，将检测结果填入下表。

附表 5.2

按下开关名称	万用表				开关好坏判断
	黑表笔测试端子名称	红表笔测试端子名称	挡位	数值	
左前门窗上升	2	4			
左前门窗下降	1	4			
右前门窗上升	2	4			
右前门窗下降	1	4			

3. 检测车窗电动机，将检测结果填入下表。

附表 5.3

	左前电动机		右前电动机		左后电动机		右后电动机	
电动机接脚	1号	2号	1号	2号	1号	2号	1号	2号
蓄电池	正极	负极	正极	负极	正极	负极	正极	负极
测试结果								
蓄电池	负极	正极	负极	正极	负极	正极	负极	正极
测试结果								
电动机好坏判断								

实训总结：

1. 通过这次实训，你学到了什么？

2. 还有哪些不足的地方？

3. 你有什么好的建议？

电动车窗主要元件的检测——评价表　　No:5.1.2

任务名称					
小组成员					
				组长：	
你在小组中的角色					
你在小组中所做的工作					

评价项目	评价内容	配分	自评	组评	总评
检查任务完成情况	1. 完成任务过程情况	5分			
	2. 任务完成质量	10分			
	3. 在小组完成任务过程中所起作用	5分			
专业知识	1. 知道电动车窗的主要元件	15分			
	2. 知道电动车窗主要元件的检测方法	10分			
	3. 能够用仪器对电动车窗主要元件进行检测和排除	25分			
职业素养	1. 学习态度：积极主动参与学习	5分			
	2. 资讯能力：完整准确地收集信息	5分			
	3. 团队协作：善于合作，共同完成	5分			
	4. 责任意识：爱护仪器，作业单填写认真	5分			
	5. 安全规范：有安全意识，操作规范	5分			
	6. 现场管理：6S执行认真，有环保意识	5分			
教师综合评价					
学习总结（学习心得及不足）					

观察分析捷达轿车电动车窗的工作过程——工作单　　No:5.1.3

教学周：_____　　班级：_____　　第（　）组组长：_____　　指导教师：_____

小组成员：_____

工作流程：

附表5.4

车窗动作名称	电路工作过程
右前车窗玻璃手动控制上升	
左前车窗玻璃手动控制上升	

实训总结：

1. 通过这次实训，你学到了什么？

2. 还有哪些不足的地方？

3. 你有什么好的建议？

观察分析捷达轿车电动车窗的工作过程——评价表　　　No:5.1.3

任务名称					
小组成员					
				组长：	
你在小组中的角色					
你在小组中所做的工作					

评价项目	评价内容	配分	自评	组评	总评
检查任务完成情况	1．完成任务过程情况	5分			
	2．任务完成质量	10分			
	3．在小组完成任务过程中所起作用	5分			
专业知识	1．能够正确演示电动车窗的工作过程	15分			
	2．能够看懂汽车电动车窗电路图	10分			
	3．能够对电动车窗工作过程电流流向进行分析	25分			
职业素养	1．学习态度：积极主动参与学习	5分			
	2．资讯能力：完整准确地收集信息	5分			
	3．团队协作：善于合作，共同完成	5分			
	4．责任意识：爱护仪器，作业单填写认真	5分			
	5．安全规范：有安全意识，操作规范	5分			
	6．现场管理：6S 执行认真，有环保意识	5分			
教师综合评价					
学习总结（学习心得及不足）					

电动车窗常见故障诊断——工作单　　No:5.1.4

教学周：_____　班级：_____　第（　）组长：_____　指导教师：_____

小组成员：_____

工作流程：

当出现下列故障时，对故障进行原因分析，并针对故障原因进行诊断，完成下表：

附表5.5

常见故障	故障原因	诊断思路
某个车窗只能向一个方向运动		
某个车窗两个方向都不能运动		
所有车窗均不能升降或者偶尔不能升降		
两个后车窗分开关不起作用		

实训总结：

1．通过这次实训，你学到了什么？

2．还有哪些不足的地方？

3．你有什么好的建议？

电动车窗常见故障诊断——评价表　　No:5.1.4

任务名称					
小组成员				组长：	
你在小组中的角色					
你在小组中所做的工作					

评价项目	评价内容	配分	自评	组评	总评
检查任务完成情况	1. 完成任务过程情况	5分			
	2. 任务完成质量	10分			
	3. 在小组完成任务过程中所起作用	5分			
专业知识	1. 能够简单分析汽车电动车窗的工作过程	15分			
	2. 能够对电动车窗常见故障进行检测	10分			
	3. 能够对电动车窗常见故障进行排除	25分			
职业素养	1. 学习态度：积极主动参与学习	5分			
	2. 资讯能力：完整准确地收集信息	5分			
	3. 团队协作：善于合作，共同完成	5分			
	4. 责任意识：爱护仪器，作业单填写认真	5分			
	5. 安全规范：有安全意识，操作规范	5分			
	6. 现场管理：6S执行认真，有环保意识	5分			
教师综合评价					
学习总结（学习心得及不足）					

任务 5.2

电动刮水器的拆装——工作单　　No:5.2.1

教学周：_____　班级：_____　第（　）组长：_____　指导教师：_____

小组成员：_____

工作流程：

1. 写出电动刮水器的组成。

2. 写出电动刮水器的安装顺序。

3. 写出在实训中发现的拆装电动刮水器的技巧和方法。

实训总结：

1. 通过这次实训，你学到了什么？

2. 还有哪些不足的地方？

3. 你有什么好的建议？

电动刮水器的拆装——评价表　　No:5.2.1

任务名称					
小组成员					
				组长：	
你在小组中的角色					
你在小组中所做的工作					

评价项目	评价内容	配分	自评	组评	总评
检查任务完成情况	1. 完成任务过程情况	5分			
	2. 任务完成质量	10分			
	3. 在小组完成任务过程中所起作用	5分			
专业知识	1. 了解电动刮水器常见故障	15分			
	2. 能够看懂电动刮水器的电路图	10分			
	3. 能够用仪器对电动刮水器故障检测和排除	25分			
职业素养	1. 学习态度：积极主动参与学习	5分			
	2. 资讯能力：完整准确地收集信息	5分			
	3. 团队协作：善于合作，共同完成	5分			
	4. 责任意识：爱护仪器，作业单填写认真	5分			
	5. 安全规范：有安全意识，操作规范	5分			
	6. 现场管理：6S执行认真，有环保意识	5分			
教师综合评价					
学习总结（学习心得及不足）					

电动刮水器不工作的故障诊断——工作单　　No:5.2.2

教学周：_____　　班级：_____　　第（　）组长：_____　　指导教师：_____

小组成员：_____

工作流程：

1．（在空格处进行正确填写）

汽车电动刮水器的不工作的原因：

电路方面：_____

熔断丝断路：_____

机械方面：_____

2．制定故障诊断流程，分组进行汽车电动刮水器故障诊断的练习。把故障诊断流程表进行完善。

附表5.6

```
┌─────────────────────────────┐    运转    ┌──────────┐
│拆下机械臂，接通点火开关和刮水器系统，│──────────▶│          │
│      观察电动机是否运转      │           │          │
└──────────────┬──────────────┘           └────┬─────┘
         不运转│                                │
               ▼                                ▼
        ┌──────────┐  不正常  ┌──────┐    ┌──────────┐
        │ 检查熔断丝 │─────────▶│ 更换 │    │ 检修或更换│
        └─────┬────┘          └──────┘    └──────────┘
         正常 │
              ▼
        ┌──────────┐   不正常   ┌──────────────┐
        │          │───────────▶│ 更换中间继电器 │
        └─────┬────┘            └──────────────┘
         正常 │
              ▼
   ┌─────────────────────┐   运转   ┌──────────────┐
   │用导线跨接电动机与电池负极，│─────────▶│ 检查电动机搭铁 │
   │   接通刮水器系统       │          └──────────────┘
   └──────────┬──────────┘
       不运转 │
              ▼
        ┌──────────┐   无电压   ┌──────────────┐
        │          │───────────▶│  故障在电动机  │
        └─────┬────┘            └──────────────┘
       有电压 │
              ▼
   ┌──────────────────────────┐ 无电压 ┌──────────────┐
   │利用电压表检查刮水器开关53，53b端子│──────▶│ 刮水器开关有故障│
   │      与搭铁之间是否有电压      │      └──────────────┘
   └──────────────┬───────────┘
         有电压  │
                 ▼
          ┌──────────────┐
          │              │
          └──────────────┘
```

实训总结：

1．这次实训，你学到了什么？

2．哪些不足的地方？

3．有什么好的建议

电动刮水器不工作的故障诊断——评价表　　No：5.2.2

任务名称					
小组成员					
				组长：	
你在小组中的角色					
你在小组中所做的工作					

评价项目	评价内容	配分	自评	组评	总评
检查任务完成情况	1. 完成任务过程情况	5分			
	2. 任务完成质量	10分			
	3. 在小组完成任务过程中所起作用	5分			
专业知识	1. 知道刮水器的组成	15分			
	2. 能够指认出电动雨刮器的组成部件	10分			
	3. 能够对电动刮水器顺利进行拆装	25分			
职业素养	1. 学习态度：积极主动参与学习	5分			
	2. 资讯能力：完整准确地收集信息	5分			
	3. 团队协作：善于合作，共同完成	5分			
	4. 责任意识：爱护仪器，作业单填写认真	5分			
	5. 安全规范：有安全意识，操作规范	5分			
	6. 现场管理：6S执行认真，有环保意识	5分			
教师综合评价					
学习总结（学习心得及不足）					

风窗洗涤装置的检修——工作单　　　5.2.3

教学周：_____　　班级：_____　　第（　）组长：_____　　指导教师：_____

小组成员：_____

工作流程：

　　如果发现风窗洗涤装置不能正常工作了，我们应该怎么样去维修，写出自己的思路。

实训总结：

　1．这次实训，你学到了什么？

　2．哪些不足的地方？

　3．有什么好的建议？

风窗洗涤装置的检修 —评价表　　No：5.2.3

任务名称					
小组成员					组长：
你在小组中的角色					
你在小组中所做的工作					

评价项目	评价内容	配分	自评	组评	总评
检查任务完成情况	1. 完成任务过程情况	5分			
	2. 任务完成质量	10分			
	3. 在小组完成任务过程中所起作用	5分			
专业知识	1. 知道风窗洗涤装置的组成	15分			
	2. 知道风窗洗涤装置的工作原理	10分			
	3. 能够对电动风窗洗涤装置进行检修	25分			
职业素养	1. 学习态度：积极主动参与学习	5分			
	2. 资讯能力：完整准确地收集信息	5分			
	3. 团队协作：善于合作，共同完成	5分			
	4. 责任意识：爱护仪器，作业单填写认真	5分			
	5. 安全规范：有安全意识，操作规范	5分			
	6. 现场管理：6S执行认真，有环保意识	5分			
教师综合评价					
学习总结（学习心得及不足）					

任务 5.3

电动座椅故障检修——工作单　　No:5.3

教学周：_____　班级：_____　第（　）组长：_____　指导教师：_____

小组成员：_____

工作流程：

按照教材上实训部分给出的维修思路对下面几种故障进行检测，写出详细检测步骤。

1. 座椅不动作

2. 座椅不能向前运动

3. 座椅不能升降

4. 座椅背靠不能前后调节

5. 座椅背靠不能上下调节

实训总结：

1. 通过这次实训，你学到了什么？

2. 还有哪些不足的地方？

3. 你有什么好的建议？

电动座椅故障检修——评价表　　No:5.3

任务名称					
小组成员					组长：
你在小组中的角色					
你在小组中所做的工作					

评价项目	评价内容	配分	自评	组评	总评
检查任务完成情况	1. 完成任务过程情况	5分			
	2. 任务完成质量	10分			
	3. 在小组完成任务过程中所起作用	5分			
专业知识	1. 知道电动座椅的组成及各部分作用	10分			
	2. 能够演示电动座椅的各项功能	10分			
	3. 能够识读电动座椅的电路图	10分			
	4. 能够对电动座椅常见故障进行诊断和排除	20分			
职业素养	1. 学习态度：积极主动参与学习	5分			
	2. 资讯能力：完整准确地收集信息	5分			
	3. 团队协作：善于合作，共同完成	5分			
	4. 责任意识：爱护仪器，作业单填写认真	5分			
	5. 安全规范：有安全意识，操作规范	5分			
	6. 现场管理：6S执行认真，有环保意识	5分			
教师综合评价					
学习总结（学习心得及不足）					

任务 5.4

中控门锁的拆装——工作单　　　　No:5.4.1

教学周：_____　　班级：_____　　第（　）组长：_____　　指导教师：_____

小组成员：_____

工作流程：

分组进行汽车中控门锁的拆装的识别练习，并写出其安装步骤。

实训总结：

1. 通过这次实训，你学到了什么？

2. 还有哪些不足的地方？

3. 你有什么好的建议？

中控门锁的拆装——评价表　　No:5.4.1

任务名称					
小组成员:					
				组长：	

你在小组中的角色	
你在小组中所做的工作	

评价项目	评价内容	配分	自评	组评	总评
检查任务完成情况	1. 完成任务过程情况	5分			
	2. 任务完成质量	10分			
	3. 在小组完成任务过程中所起作用	5分			
专业知识	1. 知道中控门锁的组成及各部分作用	5分			
	2. 能够演示中控门锁的各项功能	10分			
	3. 能够读识汽车电动座椅电路图	10分			
	4. 能够对电动座椅常见故障进行检修	25分			
职业素养	1. 学习态度：积极主动参与学习	5分			
	2. 资讯能力：完整准确地收集信息	5分			
	3. 团队协作：善于合作，共同完成	5分			
	4. 责任意识：爱护仪器，作业单填写认真	5分			
	5. 安全规范：有安全意识，操作规范	5分			
	6. 现场管理：6S 执行认真，有环保意识	5分			
教师综合评价					
学习总结（学习心得及不足）					

中控门锁的检测——工作单　　No:5.4.2

教学周：_____　班级：_____　第（　）组长：_____　指导教师：_____

小组成员：_____

工作流程：

把测到的数据和分析结果分别填入对应的表格里面。

附表5.7

名称	安装数量	结构形式	安装位置
门锁开关			
门锁执行机构			
门锁控制器			

附表5.8

执行操作	四车门门锁初始状态 （开锁/闭锁）	四车门门锁工作后状态 （开锁/闭锁）	结论
车门钥匙开锁 左前门	左前门门锁： 右前门门锁： 左后门门锁： 右后门门锁：	左前门门锁： 右前门门锁： 左后门门锁： 右后门门锁：	
车门钥匙闭锁 左前门	左前门门锁： 右前门门锁： 左后门门锁： 右后门门锁：	左前门门锁： 右前门门锁： 左后门门锁： 右后门门锁：	
车门钥匙开锁 右前门	左前门门锁： 右前门门锁： 左后门门锁： 右后门门锁：	左前门门锁： 右前门门锁： 左后门门锁： 右后门门锁：	
车门钥匙闭锁 右前门	左前门门锁： 右前门门锁： 左后门门锁： 右后门门锁：	左前门门锁： 右前门门锁： 左后门门锁： 右后门门锁：	

实训总结：

1. 通过这次实训，你学到了什么？

2. 还有哪些不足的地方？

3. 你有什么好的建议？

中控门锁的检测——评价表 No:5.4.2

任务名称					
小组成员					组长：
你在小组中的角色					
你在小组中所做的工作					

评价项目	评价内容	配分	自评	组评	总评
检查任务完成情况	1. 完成任务过程情况	5分			
	2. 任务完成质量	10分			
	3. 在小组完成任务过程中所起作用	5分			
专业知识	1. 了解中控门锁的组成部分	10分			
	2. 掌握中控门锁各种主要元件的安装位置、数量及结构形式	15分			
	3. 掌握电动门锁的传动及工作原理	25分			
职业素养	1. 学习态度：积极主动参与学习	5分			
	2. 资讯能力：完整准确地收集信息	5分			
	3. 团队协作：善于合作，共同完成	5分			
	4. 责任意识：爱护仪器，作业单填写认真	5分			
	5. 安全规范：有安全意识，操作规范	5分			
	6. 现场管理：6S执行认真，有环保意识	5分			
教师综合评价					
学习总结（学习心得及不足）					

遥控门锁及遥控器的检修——工作单　　No:5.4.3

教学周：_____　班级：_____　第（　）组长：_____　指导教师：_____
小组成员：_____

工作流程：
　　分组对汽车中控门锁遥控器按照实训的步骤进行操作，完成下面问题。
　　汽车中控门锁遥控器具有怎样的功能？

实训总结：
　　1．通过这次实训，你学到了什么？

　　2．还有哪些不足的地方？

　　3．你有什么好的建议？

遥控门锁及遥控器的检修——评价表　　No:5.4.3

任务名称					
小组成员					
				组长：	
你在小组中的角色					
你在小组中所做的工作					

评价项目	评价内容	配分	自评	组评	总评
检查任务完成情况	1．完成任务过程情况	5分			
	2．任务完成质量	10分			
	3．在小组完成任务过程中所起作用	5分			
专业知识	1．了解汽车遥控门锁的组成部分	10分			
	2．掌握汽车遥控器的功能	15分			
	3．掌握汽车遥控器的工作原理	25分			
职业素养	1．学习态度：积极主动参与学习	5分			
	2．资讯能力：完整准确地收集信息	5分			
	3．团队协作：善于合作，共同完成	5分			
	4．责任意识：爱护仪器，作业单填写认真	5分			
	5．安全规范：有安全意识，操作规范	5分			
	6．现场管理：6S 执行认真，有环保意识	5分			
教师综合评价					
学习总结（学习心得及不足）					

任务 5.5

检测捷达轿车后视镜开关——工作单   No:5.5.1

教学周：_____   班级：_____   第（ ）组长：_____   指导教师：_____

小组成员：_____

工作流程：

把检测结果填入下表，把分析结果填入该表。

步骤	开关状态						检测结果		
	后视镜选择		上	下	左	右	第一组相通的两个接线柱端口	第二组相通的两个接线柱端口	公共接线柱端子
	左边	右边							
1	Y		Y						
2	Y			Y						
3	Y				Y				
4	Y					Y			
5		Y	Y						
6		Y		Y					
7		Y			Y				
8		Y				Y			

实训总结：

1. 通过这次实训，你学到了什么？

2. 还有哪些不足的地方？

3. 你有什么好的建议？

检测捷达轿车后视镜开关——评价表　　No:5.5.1

任务名称						
小组成员					组长：	
你在小组中的角色						
你在小组中所做的工作						

评价项目	评价内容	配分	自评	组评	总评
检查任务完成情况	1. 完成任务过程情况	5分			
	2. 任务完成质量	10分			
	3. 在小组完成任务过程中所起作用	5分			
专业知识	1. 知道后视镜的组成及各部分作用	10分			
	2. 能够演示电动后视镜的各项功能	10分			
	3. 能够读识电动后视镜的电路图	10分			
	4. 能够对电动后视镜开关的端子进行检测	20分			
职业素养	1. 学习态度：积极主动参与学习	5分			
	2. 资讯能力：完整准确地收集信息	5分			
	3. 团队协作：善于合作，共同完成	5分			
	4. 责任意识：爱护仪器，作业单填写认真	5分			
	5. 安全规范：有安全意识，操作规范	5分			
	6. 现场管理：6S执行认真，有环保意识	5分			
教师综合评价					
学习总结（学习心得及不足）					

检测捷达轿车后视镜端子——工作单　　　　No:5.5.2

教学周：_____　　班级：_____　　第（　）组长：_____　　指导教师：_____

小组成员：_____

工作流程：

把检测结果记录入下表，把分析结果填入该表。

后视镜名称	后视镜接线柱编号			检测结果及分析		
	1号	2号	3号	后视镜有无动作	后视镜运动方向	结果判断
左后视镜	正极		负极			
		正极	负极			
	负极		正极			
		负极	正极			
右后视镜	正极		负极			
		正极	负极			
	负极		正极			
		负极	正极			

实训总结：

1．通过这次实训，你学到了什么？

2．还有哪些不足的地方？

3．你有什么好的建议？

检测捷达轿车后视镜端子——评价表　　No:5.5.2

任务名称						
小组成员						
				组长：		
你在小组中的角色						
你在小组中所做的工作						

评价项目	评价内容	配分	自评	组评	总评
检查任务完成情况	1．完成任务过程情况	5分			
	2．任务完成质量	10分			
	3．在小组完成任务过程中所起作用	5分			
专业知识	1．知道后视镜的组成及各部分作用	10分			
	2．能够演示电动后视镜的各项功能	10分			
	3．能够读识电动后视镜的电路图	10分			
	4．能够对电动后视镜的端子进行检测	20分			
职业素养	1．学习态度：积极主动参与学习	5分			
	2．资讯能力：完整准确地收集信息	5分			
	3．团队协作：善于合作，共同完成	5分			
	4．责任意识：爱护仪器，作业单填写认真	5分			
	5．安全规范：有安全意识，操作规范	5分			
	6．现场管理：6S执行认真，有环保意识	5分			
教师综合评价					
学习总结（学习心得及不足）					

电动后视镜故障检修——工作单　　No:5.5.3

教学周：_____　　班级：_____　　第（　）组长：_____　　指导教师：_____
小组成员：_____

工作流程：

简述电动后视镜故障检测的程序和方法。

1. 电动后视镜均不能工作。

2. 一侧电动后视镜不能动。

3. 一侧电动后视镜上下方向不能动。

4. 一侧电动后视镜左右方向不能动。

实训总结：

1. 通过这次实训，你学到了什么？

2. 还有哪些不足的地方？

3. 你有什么好的建议？

电动后视镜故障检修——评价表　　No:5.5.3

任务名称					
小组成员					
				组长：	
你在小组中的角色					
你在小组中所做的工作					

评价项目	评价内容	配分	自评	组评	总评
检查任务完成情况	1. 完成任务过程情况	5分			
	2. 任务完成质量	10分			
	3. 在小组完成任务过程中所起作用	5分			
专业知识	1. 知道后视镜的组成及各部分作用	10分			
	2. 能够演示电动后视镜的各项功能	10分			
	3. 能够读识电动后视镜的电路图	10分			
	4. 能够对电动后视镜的常见故障进行诊断和排除	20分			
职业素养	1. 学习态度：积极主动参与学习	5分			
	2. 资讯能力：完整准确地收集信息	5分			
	3. 团队协作：善于合作，共同完成	5分			
	4. 责任意识：爱护仪器，作业单填写认真	5分			
	5. 安全规范：有安全意识，操作规范	5分			
	6. 现场管理：6S执行认真，有环保意识	5分			
教师综合评价					
学习总结（学习心得及不足）					

参 考 文 献

1. 秦政义. 汽车电气设备与维修 [M]. 北京：中国地质大学出版社，2012.
2. 于进明，于光明. 汽车电气设备构造与维修 [M]. 北京：高等教育出版社，2007.
3. 谭本忠. 汽车电气构造与维修 [M]. 济南：山东科学技术出版社，2010.
4. 张仕寅，李守纪. 汽车电器构造与检修 [M]. 北京：外语教学与研究出版社，2011.
5. 钱强. 汽车电气与电子技术 [M]. 上海：同济大学出版社，2011.
6. 史立伟，张少洪，张学义. 汽车电器 [M]. 北京：国防工业出版社，2011.
7. 霍莱姆比克（美）. 汽车电气与电子系统 [M]. 徐鸣，俞庆严，译. 北京：机械工业出版社，1998.